"十四五"职业教育国家规划教材

国家在线精品课程配套教材

高职高专园林类专业系列教材

园林工程招投标与预决算

（第三版）

吴立威　徐卫星　等　编著

科学出版社

北　京

内 容 简 介

本书编写以知识本位变能力本位为理念，以任务与职业能力分析为依据，设定职业能力培养目标；根据"园林工程招投标与预决算"课程目标与园林施工企业承接园林工程项目的程序要求，以园林工程项目为载体，选取园林工程技术标与商务标编制、园林工程预算编制、园林工程工程量清单编制与计价、园林工程竣工结算与决算 4 个典型工作任务作为学习项目，充分体现了教材设计的职业性、实践性。本书充分体现任务引领、项目化的课程设计思想；图文并茂，图表结合，增强了学习的直观性；本书内容与园林工程造价员的职业证书考试有效衔接，将行业、企业标准融入教材内容中，行业特点鲜明。

本书为高等职业教育院校园林类专业教学用书，可作为风景园林、园林规划设计、园林绿化等专业教材，也可供园林工作者参考。

图书在版编目(CIP)数据

园林工程招投标与预决算/吴立威，徐卫星等编著 . —3 版 . —北京：科学出版社，2024.2

（"十四五"职业教育国家规划教材·国家在线精品课程配套教材·高职高专园林类专业系列教材）

ISBN 978-7-03-067937-6

Ⅰ.①园… Ⅱ.①吴… ②徐… Ⅲ.①园林-工程施工-招标-高等职业教育-教材 ②园林-工程施工-投标-高等职业教育-教材 ③园林-工程施工-建筑经济定额-高等职业教育-教材 Ⅳ.①TU986.3

中国版本图书馆 CIP 数据核字(2021)第 017111 号

责任编辑：万瑞达　袁星星/责任校对：王万红
责任印制：吕春珉/封面设计：美光制版有限公司

科学出版社 出版

北京东黄城根北街 16 号
邮政编码：100717
http://www.sciencep.com

三河市骏杰印刷有限公司印刷
科学出版社发行　　各地新华书店经销

*

2010 年 8 月第 一 版　　2025 年 6 月第二十四次印刷
2016 年 1 月第 二 版　　开本：787×1092 1/16
2024 年 2 月第 三 版　　印张：13
字数：305 000

定价：49.00 元

（如有印装质量问题，我社负责调换）

销售部电话 010-62136230　编辑部电话 010-62132124

第三版前言

Foreword

《园林工程招投标与预决算》（第一版）自 2010 年出版以来，累计印刷上万册，在全国各地新华书店销售，受到读者和培训机构、高职高专院校的广泛好评；在淘宝、京东商城、当当、卓越网站、中国图书网等销售也取得了很好的销量。2015 年，我们根据《"十二五"职业教育国家规划教材选题申报工作方案》、专业建设和教育教学改革要求，进行第二次的修订，本书第二版被认定为教育部审核批准的"十二五"职业教育国家规划教材。

根据"十四五"职业教育规划教材建设要求，结合职业教育发展需求，本教材严格落实每 3 年修订 1 次、每年动态更新内容，现对教材进行第 3 次修订，本次修订我们根据数字化、融媒体教材建设思路，将实际项目、讲课视频、考核资源和与课程相关的思政内容等资源融入教材，推动教材配套资源和数字教材建设，探索纸质教材的数字化改造，形成更多可听、可视、可练、可互动的数字化教材。

《园林工程招投标与预决算》根据"园林工程招投标与预决算"课程目标与园林施工企业承接园林工程项目的程序，突出工程造价真实合理、厉行节约不虚报的思政要求，以园林工程项目为载体，介绍了园林工程预算的编制、园林工程工程量清单编制与报价、园林工程招投标以及园林工程竣工结算与决算等内容。本书充分体现任务引领、项目化的课程设计思想；图文并茂，图表结合，提高了学习直观性；书中的活动设计内容贴近本专业的发展和实际需要，具有可操作性。《园林工程招投标与预决算》变知识本位为能力本位，以任务与职业能力分析为依据，设定职业能力和职业素养培养目标；以园林工程项目为载体，选取园林工程技术标与商务标编制、园林工程预算编制、园林工程工程量清单编制与计价、园林工程竣工结算与决算 4 个典型工作任务作为学习项目，充分体现了教材设计的职业性、实践性和规范性。

本书由宁波城市职业技术学院吴立威、浙江工商职业技术学院徐卫星编著，全面负责本书的编写思路、大纲编写、教材编写等工作；宁波国际投资咨询有限公司何勇庄负责教材具体实际项目收集、教材编写与审核工作；参加修订编写的还有彭怀贞、张金炜、易军等。在编写修订本书的过程中，学院领导给予了大力支持，还得到了许多兄弟院校同行们的无私帮助，另外，编写中还参考了有关著作和文献资料，在此表示衷心的感谢！

本书为"园林工程招投标与预决算"国家在线精品课程配套教材，国家园林工程技术专业教学资源库相关课程配套教材，相关资料在中国大学慕课、职教云等平台中共享，欢迎大家共享互动学习。

由于编者水平有限，书中难免存在不妥之处，欢迎广大同行与读者批评指正，并将使用中的意见反馈给我们，以供今后改进。

编　者

2022 年 11 月

第一版前言
Foreword

在"以能力为本位，就业为导向"的职业教育课程改革中，我们以参加国家社会科学基金"十一五"规划（教育科学课题）"以就业为导向的职业教育教学理论与实践研究"的子课题"以就业为导向的高等职业教育园林类专业教学整体解决方案设计与实践研究"之成果为基础，在课题组的专家团队指导及在研究园林类专业课程体系总体框架基础上，为了满足高等职业教育园林类专业对教材的需求，《园林工程招投标与预决算》编写团队在科学出版社的组织下，按照园林工程投标任务构建教材体系编写了本书。

《园林工程招投标与预决算》内容设计的思路是：以就业为导向，面向园林工程招投标与工程经营管理领域，使学生熟练掌握园林工程预决算、施工组织设计编制、园林工程招标与投标的知识和技能。本书根据课程目标与园林施工企业承接园林工程项目的程序要求，按照园林工程投标任务构建教材体系，紧紧围绕完成投标任务的需要来选择教材内容；变知识本位为能力本位，以任务与职业能力分析为依据，设定职业能力培养目标；以园林工程项目为载体，选取园林工程预算编制、园林工程工程量清单编制与报价、园林工程招投标以及园林工程竣工结算与决算4个典型工作任务作为学习项目，充分体现了教材设计的职业性、实践性。本书充分体现任务引领、项目化的课程设计思想；图文并茂，图表结合，提高了学习直观性；本书中的活动设计内容贴近本专业的发展和实际需要，具有可操作性。

宁波城市职业技术学院吴立威全面负责确定本书的编写大纲、编写思路和统稿工作，广西生态工程职业技术学院周业生、宁波茂盛园林康德存、宁波银亿集团徐海江对本书编写给予了悉心的指导；参与编写的有吴立威、周业生、徐海江、康德存、胡先祥、王振超、易军、张金炜、陈茂铨、辛雅芬。

本书在编写过程中得到了宁波城市职业技术学院各级领导的大力支持，同时我们也参考了有关资料和著作，在此谨向他们和相关作者表示衷心的感谢！

本书为国家在线精品课程配套教材，其配套学习网站地址为 http://netclass.

nbcc. cn/yl/，书中所涉及的图纸、实例文件、电子课件、电子教案等均可从该网站下载。

由于编者水平所限，书中难免有不妥之处，敬请广大读者给予批评指正，并将使用中的意见反馈给我们，以便再版时修正。

编　者

2010 年 7 月

于宁波

目 录

课程导入

园林工程招投标项目导入 🌲

当你进入一家园林公司后，你是否想过园林工程公司是怎样发展壮大起来的？你是否想过一家公司要发展又需要怎样去赢得利润呢？答案是要去承接工程。那么工程又该通过什么途径去获得呢？其实规范参加工程投标就是获得项目的重要途径之一。投标是怎么一回事？投标需要做哪些工作？投标的工作流程是怎么样的？我该怎么去学习这方面的技术呢？本书将带你一起走进园林工程招投标课程。

招投标是一项引入竞争机制的法律形式，学习者一定要端正学习态度，严守法律法规，科学运用招投标法、招投标信息资料和当地施工技术规范，做好招投标工作。以下是从宁波公共资源交易中心网上收集到的一则招标公告，本书将以此为主线进行编写。建议学习者在学习过程中运用当地相关招标信息。

"湘甬无二"公园景观工程施工招标公告

1. 招标条件

本招标项目"湘甬无二"公园景观工程已由宁波市镇海区发展和改革局备案通过，项目业主为宁波市××××开发建设投资有限公司，项目招标人为宁波市××××开发建设投资有限公司，招标代理人为宁波××××造价咨询有限公司，建设资金自筹解决，项目出资比例为100%。项目已具备招标条件，现对该项目的施工进行公开招标。

2. 项目概况及招标范围

2.1　项目概况：本项目投资估算1252万元，工程概算约1252万元。其中，建安工程造价约1013万元；建设规模：总用地面积约为10 640平方米；建设地点：项目位于××区××街道，东临××路，南临××大道，西临××路，北接××路（××大道以北，××小学以南）。

2.2　招标范围：施工图范围内的绿化及景观配套工程等，具体详见工程量清单。

2.3　施工总工期：240日历天。

2.4　质量要求：按国家施工验收规范一次性验收合格。安全要求：合格。

3. 投标人资格要求

（一）投标人

3.1　具有合法有效的企业营业执照。

3.2　本次招标□接受/☑不接受联合体投标。

（二）拟派项目负责人

3.3　拟派项目负责人具有园林绿化类专业工程师及以上职称。

3.4　至投标截止之日，拟派项目负责人不得在其他任何在建合同工程担任项目负责人（包括工程总承包项目中的施工负责人）。在建合同工程的开始时间为合同工程中标通知书发出日期，或者不通过招标方式的则以合同签订日期为开始时间，结束时间为该合同工程验收合格或合同解除日期。

（三）其他

3.5　投标人及拟派项目负责人如在浙江省建筑市场监管公共服务系统或宁波市建筑市场信用信息系统要求登录信息的，应在系统中完成录入。

3.6　人工工资担保须在宁波市建筑市场信用信息管理系统中显示，即已在宁波市行政区域内完成录入。

3.7　拟派项目负责人须提交公告发布之日前三个月任意一个月的社会保险证明。

3.8　业绩要求：2016年12月1日至今，投标人完成过单项合同造价达到本项目工程造价60%（即5 320 042元）及以上的园林景观整治或园林景观绿化施工项目，时间以竣工验收记录或竣工验收备案表的时间为准，业绩证明材料根据以下1）或2）资料确认：

1）信息平台查询结果打印页，如信息平台无法明确体现的，则以2）业绩证明资料提供的内容为准。

2）业绩证明资料包括：①中标通知书（注：中标通知书仅适用投标申请人提供的类似项目为法定招标项目）；②施工合同；③竣工验收资料（以上三项资料应确认，如实际完成项目的造价或规模与合同不一致时，还需提供审计报告，如项目尚未完成审计工作，以合同数据为准）。

3.9　投标人及其法定代表人、拟派项目经理不得具有被相关行政主管部门处罚且限制在宁波行政区域内投标的违法行为记录，并在处罚有效期内的情形；投标人及其法定代表人、拟派项目经理不得为失信被执行人。在中标候选人公示前，招标代理人对中标候选人及其法定代表人、拟派项目经理失信信息进行查询（具体以中标候选人公示日前"信用中国"网站 www.creditchina.gov.cn 查询为准），如为失信被执行人的，取消其中标候选人资格，本项目重新招标。

4. 招标方式

4.1　公开招标。

5. 招标文件的获取

5.1　本项目招标文件（含图纸）和补充（答疑、澄清）、修改文件以网上下载方式发放于宁波公共资源交易网镇海区分网。未下载招标文件的投标人，其投标将被拒绝。

5.2　招标文件网上下载时间为公告发布之日起至招标文件下载截止时间，详见时间安排表。

5.3　媒介：本次招标公告在浙江省公共资源交易服务平台和宁波公共资源交易网镇海区分网上同时发布。

6. 投标文件的递交

6.1　投标文件递交的截止时间（投标截止时间，下同）详见时间安排表，电子招标投标交易平台为宁波市镇海区公共资源交易系统。

6.2　逾期上传的投标文件，招标（代理）人不予受理。

7. 联系方式

招标人：宁波市××××开发建设投资有限公司

招标人地址：××区×××西路 ××号

联系人：×××

联系电话：0574-8659××××

招标代理机构：宁波××××造价咨询有限公司

地址：宁波市××区××街道×××街 1 号××楼

联系人：×××、××

电话：0574-8655×××× 180×××0089

从以上园林绿化景观工程施工招标公告我们发现，园林工程招投标应该明确以下内容：

1）招标条件。主要包括招标项目批准情况、项目业主、建设资金来源等。

2）项目概况与招标范围。即工程地址、工程规模、工期要求、质量要求、安全要求、项目总投资、招标范围等。

3）投标人资格要求。包括投标人施工资质要求、项目经理资质、当地投标市场交易证、投标申请表及其他符合性审查资料等。

4）招标文件的获取。包括获取的时间、地点与费用等。

5）投标申请受理的时间与地点等。

6）投标文件的递交的截止时间与地点等。

7）发布公告的媒介。

8）联系方式等。

通过报名与资格审查符合条件后，即可购买该工程招标文件。为了承接该施工项目，施工企业需按照招标要求完成园林工程投标工作。

随着信息化水平的不断提高，现在招标文件的获取都以网上下载方式发布，投标人要下载招标文件方可投标，项目一般不接受窗口购买文件。投标文件递交后，越来越多的评标工作都在电子招投标交易平台上进行，电子评标成为主要的评标形式。

基本知识

招标投标是在市场经济条件下进行工程建设、货物买卖、财产出租、中介服务等经济活动的一种竞争形式和交易方式，是引入竞争机制订立合同（契约）的一种法律形式，它是指招标人对工程建设、货物买卖、劳务承担等交易业务，事先公布选择分派的条件和要求，招引他人承接，然后若干投标人作出愿意参加业务承接竞争的意思表示，招标人按照规定的程序和办法择优选定中标人的活动。招标与投标是一种商品交易行为，是交易过程的两个方面。在整个招标投标过程中，招标、投标和定标（决标）是三个主要阶段，其中，定标是核心环节。园林工程招标是指招标人（建设单位、业主）将其拟发包的内容、要求等对外公布，招引和邀请多家单位参与承包工程建设任务的竞争，以便择优选择承包单位的活动；园林工程投标是指投标人（承包商）愿意按照招标人规定的条件承包工程，编制投标书，提出工程造价、工期、施工方案和保证工程质量的措施，在规定的期限内向招标人投函，请求承包工程建设任务的活动。

为了建立和维护正常的建设工程招标程序，在建设工程招标程序正式开始前，招标人必须完成必要的准备工作，以满足招标所需要的资质能力条件。根据我国现行《工程建设施工招标投标管理办法》规定，工程项目招标一般程序可分为三个阶段：一是准备阶段，二是招标投标阶段，三是决标成交阶段，其每个阶段具体步骤见图 0-1。

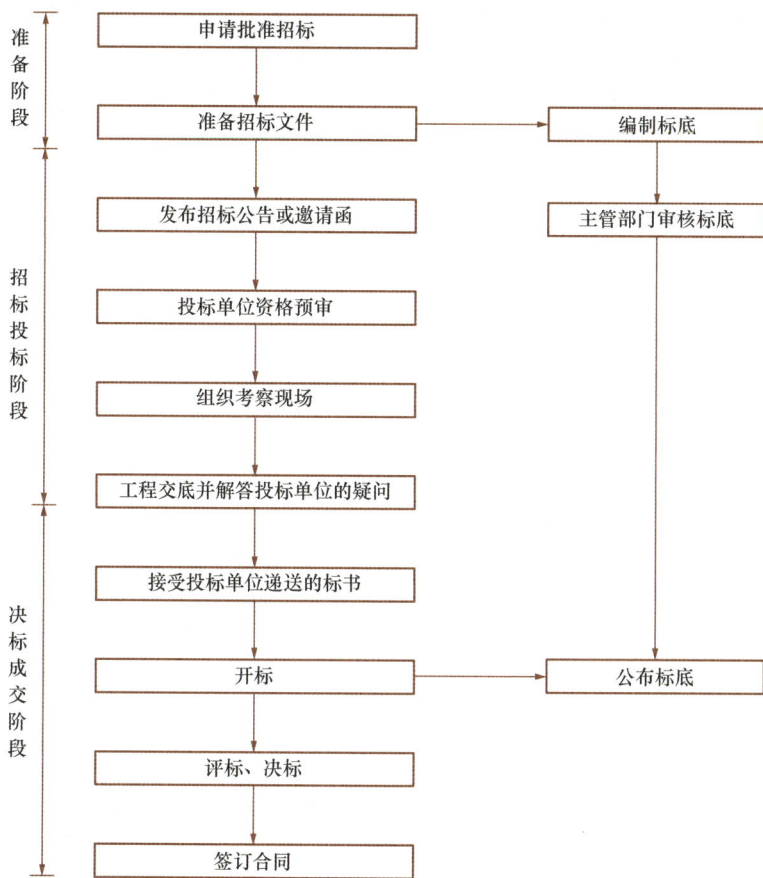

图 0-1　工程项目招标一般程序

在园林工程施工招投标时，招标人依据工程施工图纸，按照招标文件要求，以统一的工程量计算规则为投标人提供实物工程量项目和技术措施项目的数量清单；投标人根据清单表格中描述的工程内容，结合工程情况、市场竞争情况和本企业实力，充分考虑各种风险因素，自主填报清单，列出包括工程直接成本、间接成本、利润和税金等项目在内的综合单价与汇总价，并以所报综合单价作为竣工结算调整价。在整个招投标过程中，工程量清单报价、工程投标、竣工结算构成了施工企业三大工作项目。

🌲 基本工作任务

在该园林工程招标中，提供有一整套该景观工程招标文件与施工图纸，要求各投标单位根据招标要求进行投标。该工程招标内容包括施工图范围内的绿化及景观配套工程等。

根据招标文件要求，投标文件中的主要组成部分是商务标和技术标，商务标的造价组成由数量和价格来确定，数量的计算来自园林工程图纸，因此编制投标文件前首先应该明确图纸内容，要求能看懂园林工程图纸，整理清楚园林工程图纸的每一个具体项目的结构要求与材料组成，然后根据图纸内容进行工程预算，编制标书进行投标。归结起来就是按照图 0-2 所示工作过程，完成四项基本工作任务。具体将在以下各项目中进行讲解。

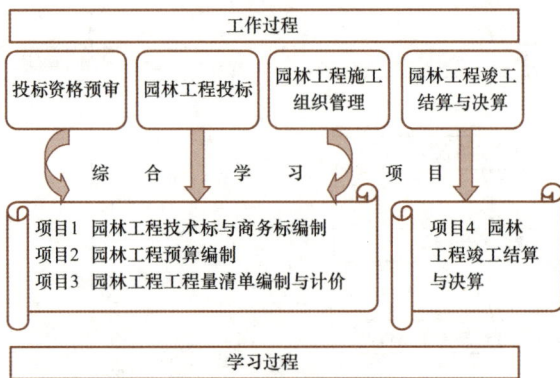

图 0-2 基本工作任务

注：本书实例以华东地区代表性园林景观工程施工招投标文件为例，各地区因地方性规定差异，建议使用本教材时收集一份当地招标资料，充分考虑所在地区实际进行选用。

项目 1

园林工程技术标与商务标编制 🌲

项目目标 ☞ | 知识目标

通过本项目的学习，能够明确在园林工程招投标中如何获取园林工程招标文件，明确技术标与商务标的内容与评标细则以及园林工程投标程序；做好投标策略分析，并作出投标决策。在确定投标后能结合公司实际情况编制完全响应园林工程招标文件要求的工程投标标书，并按照招标要求包装、投递标书。

能力目标

1. 根据园林工程招标信息，能顺利获得园林工程施工招标文件，并明确工程投标程序。
2. 通过认真分析本单位与招标文件内容，能做好资格预审、投标经营准备、报价准备等投标准备工作。
3. 能分析工程投标要求，合理地为工程投标作出决策。
4. 能运用园林工程施工组织与管理知识编制园林工程技术标；会运用工程量清单报价完成园林工程商务标的编制。
5. 会根据招标文件要求制作电子标书。
6. 能按照招标要求准确包装并投递标书。

🌲 工作任务

1. 获得招标文件与明确投标程序。
2. 理解评标要求与投标准备工作。
3. 确定园林工程投标决策。
4. 园林工程施工投标标书制作。
5. 投送投标标书与开标评标。

任务 1.1　获得招标文件与明确投标程序

【学习目标】

园林工程招投标是园林企业获取工程项目的重要途径，企业的发展必须建立在大量工程项目的基础上，因此，任何一个企业都会通过各种途径获得工程信息，参与工程竞争以获得经济效益和发展空间。由此可见，收集招投标信息获得招标文件是一项非常重要的工作。

本任务的目标是在获得园林工程招投标信息后，能根据园林工程招标信息要求顺利获得招标文件，通过对招标文件的理解，明确相应具体园林工程项目的招投标程序。

【任务分析】

获取招标文件是一项信息收集方面的工作，很容易被忽视，刚进入工作岗位后不知道如何获得招标信息和招标文件。因此，本任务的主要内容是掌握获得信息的途径，并能根据信息获得招标文件，掌握该园林工程施工投标的程序（图 1-1）。同时，还应该培养并提高自身信息收集与处理的能力。

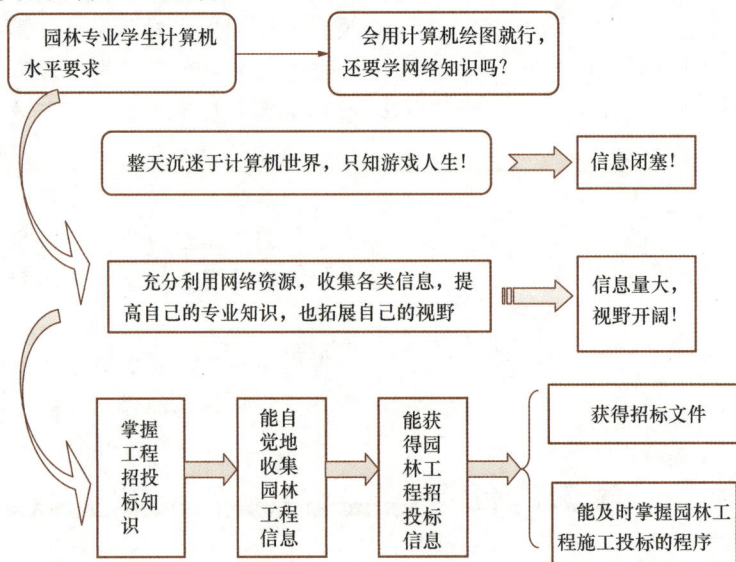

图 1-1　信息收集任务分析

【思政融入提示】

结合园林工程实际项目招投标网站信息，引导学生在收集招投标信息的过程中培养敬业精神；通过对合同要求的理解，培养学生诚信、合作、友善、公平竞争的意识；通过收集信息程序的讲解，培养学生规则意识和守时守正的精神。

工作步骤

第一步，掌握园林工程招标的形式。

园林工程施工招标分为公开招标和邀请招标。

公开招标是指招标人以招标公告的方式邀请不特定的法人或者其他组织投标。

邀请招标是指招标人以投标邀请书的方式邀请特定的法人或者其他组织投标。

知识窗：园林工程招投标的基本知识

按照我国有关规定，招标投标的标的，即招标投标有关各方当事人权利和义务所共同指向的对象，包括工程、货物、劳务等。

定标是指招标人从若干投标人中选出最后符合条件的投标人来作为中标对象，然后招标人以中标通知书的形式，正式通知投标人已被择优录取。这对于投标人来说就是中标，对招标人来说，就是接受了投标人的标，经过评标择优选中的投标人称为中标人。

第二步，明确招标信息发布的方式，通过国家指定的报刊、信息网络或者其他媒介收集招标信息。

招标人采用公开招标方式的，应当发布招标公告。依法必须进行招标的项目的招标公告，应当通过国家指定的报刊、信息网络或者其他媒介发布。招标公告应当载明招标人的名称和地址、招标项目的性质、数量、实施地点和时间以及获取招标文件的办法等事项。

获取招标信息

招标人采用邀请招标方式的，应当向三个以上具备承担招标项目的能力、资信良好的特定的法人或者其他组织发出投标邀请书。

承包商通过承包市场调查，大量收集招标工程信息。在许多可选择的招标工程中，综合考虑工程特点、性质、规模、自己的实力、业主资信状况、承包市场状况和竞争者状况等，选择自己的投标方向。这是承包商的一次重要的决策。

第三步，承包商在决定参加投标后，要先通过业主的资格预审，获得招标文件。

这是合同双方的第一次互相选择：承包商有兴趣参加该工程的投标竞争，并证明自己能够很好地完成该工程的施工任务；业主认为承包商符合招标工程的基本要求，是一个可靠的、有履约能力的公司。只有通过资格预审，承包商才能获得招标文件，才有资格参与投标竞争。

第四步，根据招标文件内容，掌握园林工程投标程序。

从投标人的角度看，园林工程投标的一般程序，如图1-2所示。

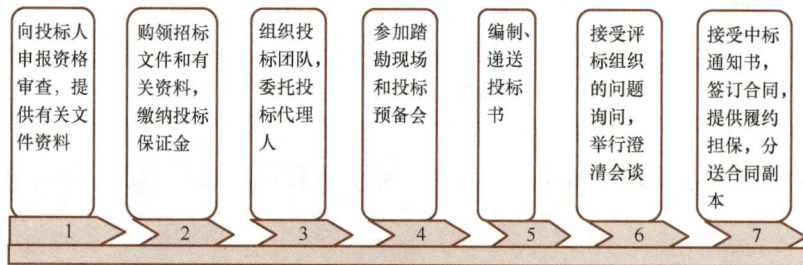

向投标人申报资格审查，提供有关文件资料	购领招标文件和有关资料，缴纳投标保证金	组织投标团队，委托投标代理人	参加踏勘现场和投标预备会	编制、递送投标书	接受评标组织的问题询问，举行澄清会谈	接受中标通知书，签订合同，提供履约担保，分送合同副本
1	2	3	4	5	6	7

图1-2　园林工程投标的一般程序

🌲 巩固训练

结合当地园林工程招投标实际情况，登录当地的建设工程招投标网，收集招标公告一份，并根据招标公告准备好资格预审材料，然后模拟招标单位进行资格预审，根据预审情况进行过程考核。预审通过后，根据招标文件要求熟练地写出投标程序。

🌲 知识拓展

■ 投标资格预审

根据招标方式的不同，招标人对投标人资格审查的方式也不同，采用不同的招标方式，对潜在投标人资格审查的时间和要求不一样。例如，在国际工程无限竞争性招标中，通常在投标前进行资格审查，这叫作**资格预审**，只有资格预审合格的承包商才可以参加投标；也有些国际工程无限竞争性招标不在投标前而在开标后进行资格审查，这被称作**资格后审**。在国际工程有限竞争招标中，通常则是在开标后进行资格审查，并且这种资格审查往往作为评标的一个内容，与评标结合起来进行。

我国建设工程招标中，在允许投标人参加投标前一般都要进行资格审查，但资格审查的具体内容和要求有所区别。公开招标一般要按照招标人编制的资格预审文件进行资格审查。资格预审文件应包括的主要内容如下：

1）投标人组织与机构介绍。

2）近3年完成工程的情况。

3）目前正在履行的合同情况。

4）过去2年经审计过的财务报表。

5）过去2年的资金平衡表和负债表。

6）下一年度财务预测报告。

7）施工机械设备情况。

8）各种奖励或处罚资料。

9）与本合同资格预审有关的其他资料。

如果是联合体投标，应填报联合体每一成员的以上资料。

邀请招标一般是通过对投标人按照投标邀请书的要求提交或出示的有关文件和资料进行验证，确认自己的经验和所掌握的有关投标人的情况是否可靠、有无变化。邀请招标资格审查的主要内容，一般应当包括以下

几部分:

1) 投标人组织与机构、营业执照、资质等级证书。

2) 近3年完成工程的情况。

3) 目前正在履行的合同情况。

4) 资源方面的情况,包括财务、管理、技术、劳力、设备等情况。

5) 受奖、受罚的情况和其他有关资料。

■ 资格预审案例

××绿化工程资格
预审文件

一、投标申请人须知

1. 业主方委托我公司组织本次招标活动,每一位投标申请人都应积极配合。

2. 各投标申请人需要递交的资格预审文件包括资格预审通告第5条中所规定的所有内容及相关证明材料。

3. 各投标申请人须在资格预审通告所规定的截止时间前填写好资格预审文件,并将所有附件一并送至我公司。

4. 资格预审结束后,我公司将在××招标网(网址是:www.××××.com)公布资格预审结果。

5. 投标申请人有权了解本单位的资格预审情况,我公司将对投标申请人提出的疑问给予答复。

6. 资格预审开始至确定中标人期间,除不可抗力因素外,投标申请人不得更换项目经理,否则我公司有权取消该投标人的投标资格。

7. 投标申请人有弄虚作假、骗取投标资格的情节,一经查实,立即取消投标资格,已中标的中标结果无效,已开工的责令退出施工,并赔偿由此造成的直接经济损失。

8. 如果投标申请人在本工程招标期间不具备承接业务的条件(如在处罚阶段中),应该主动提出放弃投标;如果投标申请人发现其他参加本次投标的投标申请人中有不具备承接业务条件的,应主动向我方反映。

9. 严禁一切挂靠行为和不正当的投标行为,一经发现,我公司将取消该投标人的投标资格,并将情况上报主管部门。

10. 资格预审过程中有其他需要另行通知的,我公司将采用在××招标网上公示的方式发出相关通知,请各投标申请人注意。

11. 该资格预审文件由×××工程建设招标代理有限公司负责解释,×××建设工程招标投标管理站负责监督。

二、资格预审通告

1. ××××绿化工程,建设地点在经济开发区。现通过资格预审的办法确定合格的投标申请人,并由业主推荐(二至三家)和随机抽签的方式在合格的投标申请人中确定投标人。

2. 参加资格预审的投标申请人，其资质等级须是园林绿化三级及以上的施工企业，拟派出的项目经理须是园林绿化四级及以上的项目经理。

3. 工程质量要求：达到国家质量验收评定标准。

4. 工程招标范围：绿化工程。

5. 投标申请人的报名材料须包括以下内容：

(1) 法定代表人授权委托书或者企业介绍信；

(2) 企业资质证书和企业营业执照复印件（须提供原件核查）；

(3) 项目经理资质证书复印件（须提供原件核查）；

(4) 拟派出的项目负责人和主要技术人员的简历，包括姓名、文化程度、职务、职称、参加过的施工项目等（须附有上岗证书复印件）；

(5) 拟用于完成招标项目的施工设备、机械等，包括机械设备的名称、型号规格、数量、国别产地、制造年份、主要技术性能等；

(6) 报名资料的每页均须加盖单位公章。

6. 投标人所有按资格预审文件要求提交的报名材料须在××××年××月××日 16:40 时前交至××××工程建设招标代理公司（××××）。

三、资格预审办法

本工程的资格预审由我公司负责组织，招标站负责监督，由建设单位代表和我公司代表共同会审。本次资格预审不采用打分制，所有的报名单位只要通过以下条款即为合格的投标申请人：

(1) 报名材料按资格预审文件要求制作、递交的；

(2) 授权委托书或企业介绍信有效的；

(3) 企业的资质等级符合资格预审文件要求的；

(4) 项目经理符合资格预审文件要求的；

(5) 在本时间段内没有在处罚过程中的；

(6) 拟投入的项目班子合理，符合资格预审文件要求的；

(7) 拟投入的施工机械合理，符合资格预审文件要求的。

附件：报名材料统一装订格式

一、封面

二、授权委托书或介绍信

三、企业概况

四、企业营业执照和资质证书复印件

五、项目经理资质证书和项目经理手册复印件

六、拟承担该工程技术负责和主要技术人员简历

七、拟投入该工程的机械设备一览表

注：各投标人的报名材料应按以上顺序装订成册。

联系人：

电话：

传真：

                          ×××× 工程建设招标代理有限公司

                                   年   月   日

自我评价

评价项目	技术要求	分值	评分细则	评分记录
园林工程施工招标信息的收集	能理解园林工程招标的形式 能运用各种途径收集园林工程招标信息 会根据招标信息分析招投标的基本要求	30	能顺利快速获得园林工程施工招标信息，明确工程招标方式，能整理工程招标的基本要求，并将信息反馈给公司 信息收集不及时或延误时间者扣5～10分 信息收集不全或信息反馈不全者扣5～10分	
园林工程招标文件的获得	理解园林工程招标公告的主要内容 会根据招标公告内容准备相关资格预审材料，参与资格预审 能根据招标公告要求顺利地获得招标文件 能归类并保管好相关招投标资料	40	招标公告内容理解不清者扣5～10分 资格预审资料准备不充分者扣5～10分 获取招标文件过程不顺利或多次往返于招投标中心者扣5～10分 招投标资料归类或保管不完整者扣5～10分	
园林工程施工投标程序的熟悉	掌握招标文件关键信息，明确投标程序，做好投标时间计划安排	30	工程投标程序混乱者扣5～10分 投标工作计划不合理者或工作计划疏漏者扣5～10分 工作计划不能分配到各个部门者扣5～10分	

任务 *1.2*　理解评标要求与投标准备工作

【学习目标】

进入承包市场进行投标，必须做好一系列的准备工作，准备工作充分与否对中标和中标后盈利程度都有很大影响。

本任务的学习目标是在获得园林工程招标文件后，能够仔细研读招标文件的主要内容，正确理解工程招标要求和工程投标评标要求，并根据招标文件的要求做好投标准备工作。

【任务分析】

招标文件是园林工程投标的主要依据，投标文件以响应招标文件为评价标准。本任务要求深入理解园林工程招标内容，充分理解园林工程施工项目施工工艺流程，明确园林工程招标评标要求，为工程投标报价做好准备。投标前的准备是否充分直接关系到投标的成功率。园林工程施工投标准备包括接受资格预审、投标经营准备、报价准备等 3 个方面。

理解评标要求
（微课）

【思政融入提示】

在理解评标要求的过程中，将公平、公正的价值观融入接受资格预审环节中；在理解评标要求的同时，进行公正、法治意识的教育；通过投标准备工作的讲解，分析具体标书制作的资料真实性和投标工作的时间要求，培养学生日常守信守时的品质。

基础知识

1. 评标工作由招标人依法组建的评标委员会负责

1）评标委员会的组成。评标委员会由招标人代表和技术、经济等方面的专家组成。成员数为五人以上的单数，其中，招标人或招标代理机构以外的技术、经济等方面的专家不得少于成员总数的三分之二。

2）专家成员名单应从专家库中随机抽取确定。组成评标委员会的专家成员，由招标人从建设行政主管部门的专家名册或其他指定的专家库内的相关专家名单中随机抽取确定。技术特别复杂、专业性要求特别高或国家有特殊要求的招标项目，上述方式确定的专家成员难以胜任的，可以由招标人直接确定。

3）与投标人有利益关系的专家不得进入相关项目工程的评标委员会。

4）评标委员会的名单一般在开标前确定，定标前应当保密。

2. 评标活动应遵循的原则

（1）评标活动应当遵循公平、公正原则

1）评标委员会应当根据招标文件规定的评标标准和办法进行评标，对投标文件进行系统的评审和比较。没有在招标文件中规定的评标标准和办法，不得作为评标的依据。招标文件规定的评标标准和办法应当合理，不得含有倾向或者排斥潜在投标人的内容，不得妨碍或者限制投标人之间的竞争。

2）评标过程应当保密。有关标书的审查、澄清、评比和比较的资料、授予合同的信息等均不得向无关人员泄露。对于投标人的任何施加影响的行为，都应给予取消其投标资格的处罚。

（2）评标活动应当遵循科学、合理的原则

1）询标。即投标文件的澄清，评标委员会可以以书面形式，要求投标人对投标文件中含义不明确、对同类问题表述不一致，或者有明显文字和计算错误的内容，进行必要的澄清、说明或补正，但是不得改变投标文件的实质性内容。

2）响应性投标文件中存在错误的修正。响应性投标中存在的计算或累加错误，由评标委员会按规定予以修正：用数字表示的数额与用文字表示的数额不一致时，以文字数额为准；单价与合价不一致时以单价为准，但当评标委员会认为单价有明显的小数点错位的，则以合价为准。

经修正的投标书必须经投标人同意才具有约束力。如果投标人对评标委员会按规定进行的修正不同意时，应当视为拒绝投标，投标保证金不予退还。

（3）评标活动应当遵循竞争和择优的原则

1）评标委员会可以否决全部投标。评标委员会对各投标文件评审后认为所有投标文件都不符合招标文件要求的，可以否决所有投标。

2）有效的投标书不足三份时不予评标。有效投标人不足三个，使得投标明显缺乏竞争性，失去了招标的意义，达不到招标的目的，本次招标无效，不予评标。

3）重新招标。有效投标人少于三个或者所有投标被评标委员会否决的，招标人应当依法重新招标。

3. 评标的准备工作

1）认真研究招标文件。通过认真研究，熟悉招标文件中的以下内容：

- 招标的目标。
- 招标项目的范围和性质。
- 招标文件中规定的主要技术要求、标准和商务条款。
- 招标文件规定的评标标准、评标方法和在评标过程中考虑的相关因素。

2）招标人向评标委员会提供评标所需的重要信息和数据。

4. 初步评审

初步评审，又称投标文件的符合性鉴定。通过初评，将投标文件分为响应性投标和非响应性投标两大类。响应性投标是指投标文件的内容与招标文件所规定的要求、条件、合同协议条款和规范等相符，无显著差别或保留，并且按照招标文件的规定提交了投标担保的投标；非响应性投标是指投标文件的内容与招标文件的规定有重大偏差，或者是未按招标文件的规定提交担保的投标。通过初步评审，响应性投标可以进入详细评标，而非响应性投标则淘汰出局。初步评审的主要内容如下。

（1）投标文件排序

评标委员会应当按照投标报价的高低或者招标文件规定的其他方法对投标文件进行排序。

（2）废标

下列情况作废标处理：

- 投标人以他人的名义投标、串通投标，以行贿手段或者以其他弄虚作假方式谋取中标的投标。
- 投标人以低于成本报价竞标的。投标人的报价明显低于其他投标报价或标底，使其报价有可能低于成本的，应当要求该投标人作出书面说明并提供相关证明材料。投标人未能提供相关证明材料或不能作出合理解释的，按废标处理。
- 投标人资格条件不符合国家规定或招标文件要求的。
- 拒不按照要求对投标文件进行澄清、说明或补正的。
- 未在实质上响应招标文件的投标。评标委员会应当审查每一份投标文件，是否对招标文件提出的所有实质性要求做了响应。非响应性投标将被拒绝，并且不允许修改或补充。

（3）重大偏差

评标委员会应当根据招标文件，审查并逐项列出投标文件的全部投标偏差，并区分为重大偏差和细微偏差两大类。属于重大偏差的有以下几方面：

- 没有按照招标文件要求提供投标担保或者所提供的投标担保有瑕疵。
- 投标文件没有投标人授权代表的签字和加盖公章。
- 投标文件载明的招标项目完成期限超过招标文件规定的期限。
- 明显不符合技术规范、技术标准的要求。
- 投标文件附有招标人不能接受的条件。
- 不符合招标文件中规定的其他实质性要求。

存在重大误差的投标文件，属于非响应性投标。

（4）细微偏差

细微偏差是指投标文件在实质上响应招标文件的要求，但在个别地方存在漏项或者提供了不完整的技术信息和数据等情况。

• 细微偏差不影响投标文件的有效性。
• 评标委员会应当书面要求存在细微偏差的投标人在评标结束前予以补正。

（5）详细评审

经初步评审合格的投标文件，评标委员会应当根据招标文件规定的评标标准和办法，对其技术部分和商务部分作进一步的评审、比较，即详细评审。详细评审的方法有经评审的最低投标价法、综合评估法和法律法规规定的其他方法。

最后，评标委员会完成评标后，应当向招标人提出书面评标报告。

工作步骤

园林工程投标信息获得后，应该在规定时间内确定是否参与投标，一经确定，就应该根据招标公告要求做好充分的准备工作，具体工作思路如图1-3所示。

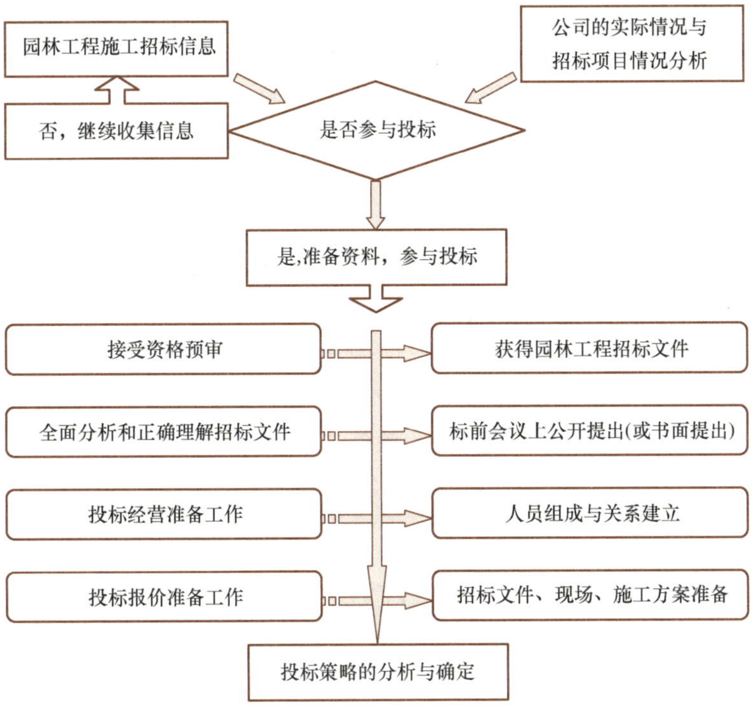

图 1-3 投标分析具体工作思路

第一步，接受资格预审。

根据《中华人民共和国招标投标法》（以下简称《招标投标法》）第十八

条的规定，招标人可以对投标人进行资格预审。投标人在获取招标信息后，可以从招标人处获得资格预审调查表，投标工作从填写资格调查表开始。资格预审通过后即可获得园林工程招标文件。

为了顺利通过资格预审，投标人应在平时就将一般资格预审内容的有关资料准备齐全，最好储存在计算机里，到针对某个项目填写资格预审调查表时，将有关文件调出来加以补充完善。因为资格预审内容中，财务状况、施工经验、人员能力等是一些通用审查内容，在此基础上，附加一些具体项目的补充说明或填写一些表格，再补齐其他查询项目，即可成为资格预审书送出。在填表时加强分析，即要针对工程特点，填好重要部位，特别是要能反映公司施工经验、施工水平和施工组织能力，这往往是业主考察的重点。

第二步，全面分析和正确理解招标文件。承包商一经取得招标文件，合同管理工作即告开始。

招标文件是业主对承包商的要约邀请，它几乎包括了全部合同文件。它所确定的招标条件和方式、合同条件、工程范围和工程的各种技术文件是承包商报价的依据，也是双方商谈的基础。承包商必须按照招标文件的各项要求报价、投标、工程施工。承包商必须全面分析和正确理解招标文件，弄清楚业主的意图和要求，能够比较准确地估算完成合同责任所需的费用支出。一般合同都规定，承包商对招标文件的理解自行负责，即由于对招标文件理解错误造成报价失误由承包商承担。

承包商在招标文件分析中发现的问题，包括矛盾、错误、二义性，自己不理解的地方，应在标前会议上公开向业主（工程师）提出，或以书面的形式询问。按照招标规则和诚实信用原则，业主（工程师）应作出公开的、明确的书面答复。这些答复（书面）作为对这些问题的解释，有法律约束力。承包商切不可随意理解招标文件，导致盲目投标。在国际工程中，我国许多承包商由于外语水平限制，投标期短，语言文字翻译不准确，引起对招标文件理解不透、不全面或错误，发现问题又不问，自以为是地解释合同，造成许多重大失误。这方面的教训是极为深刻的。

第三步，做好投标前的投标经营准备工作，主要包括以下几方面。

（1）组成投标团队

在企业决策要参加某工程项目投标之后，最重要的工作即是组成一个干练的投标团队。对参加投标的人员要经过认真挑选，应由具备以下条件的人员组成：

- 熟悉了解招标文件（包括合同条款），会拟订合同文稿，对投标、合同谈判和合同签约有丰富经验。
- 对《招标投标法》《中华人民共和国合同法》（以下简称《合同法》）《中华人民共和国建筑法》（以下简称《建筑法》）等法律或法规有一定了解。

- 不仅需要有丰富的工程经验、熟悉施工和工程估价的工程师，还需要有丰富设计经验的设计工程师参加，以便从设计或施工角度，对招标文件的设计图纸提出改进方案，以节省投资和加快工程进度。
- 最好有熟悉物资采购和园林植物的人员参加，因为工程的材料、设备往往占工程造价的一半以上。
- 有精通工程报价的经济师参加。

总之，投标团队最好由多方面人才组成。一个公司应该有一个按专业和承包地区分组的、稳定的投标团队，但应避免把投标人员和工程实施人员完全分开，即部分投标人员必须参加所投标项目的实施，这样才能减少工程失误的损失，不断总结经验，提高投标人员的水平和公司的总体投标水平。

（2）联合体

《招标投标法》第三十条规定，两个以上法人或者其他组织可以组成一个联合体，以一个投标人的身份共同投标。

知识窗：联合体

1. 联合体各方应具备的条件

我国《招标投标法》规定，联合体各方均应具备承担招标项目的能力。所谓国家有关规定包括 3 个方面：一是《招标投标法》和其他有关法律的规定；二是行政法规的规定；三是国务院有关行政主管部门按国务院确定的职责范围所作的规定。《招标投标法》除对招标人的资格条件作出具体规定外，又专门对联合体作出要求，目的是不应因为联合体，就降低对投标人的要求，这一规定对投标人和招标人都具有约束力。

2. 联合体各方内部关系和其对外关系

1）内部关系以协议的形式确定。联合体在组建时，应依据《招标投标法》和有关合同法律的规定共同订立书面投标协议，在协议中拟订各方应承担的具体工作和各方应承担的责任。如果各方是通过共同注册并进行长期经营的"合资公司"，则不属于《招标投标法》所说的联合体，所以，联合体多指联合集团或者联营体。

2）联合体对外关系。中标的联合体各方应当共同与招标人签订合同，并应在合同书上签字或盖章。在同一类型的债权债务关系中，联合体任何一方均有义务履行招标人提出的要求。招标人可以要求联合体的任何一方履行全部义务，被要求的一方不得以"内部订立的权利义务关系"为由而拒绝履行义务。

但也要注意，由于联合体是几个公司的临时合伙，所以有时在工作中难以迅速作出判断，如协作不好则会影响项目的实施，这就需要在制定联合体合同时明确权利和义务，组成一个强有力的领导班子。

联合体一般是在资格预审前即开始组织并制定内部合同与规划的，如果投标成功，则贯穿在项目实施全过程，如果投标失败，则联合体立即解散。

（3）与银行建立业务联系

与银行的业务联系有贷款、存款、提请银行开具保函、信用证、资信证明及代理调查。

第四步，做好园林工程投标报价准备。

（1）熟悉招标文件

承包商在决定投标并通过资格预审获得投标资格后，要购买招标文件并研究和熟悉招标文件的内容，在此过程中应特别注意对标价计算可能产生重大影响的问题，具体包括以下几方面：

1）关于合同条件方面。诸如工期、延期罚款、保函要求、保险、付款条件、税收、货币、提前竣工奖励、争议、仲裁、诉讼法律等。

2）材料、设备和施工技术要求方面。如采用哪种规范，特殊施工和特殊材料的技术要求等。

3）工程范围和报价要求方面。承包商可能获得补偿的权利。

4）熟悉图纸和设计说明，为投标报价做准备。熟悉招标文件，还应理出招标文件中含糊不清的问题，及时提请业主澄清。

（2）招标前的调查与现场考察

这是投标前重要的一步，如果在招标决策阶段已对拟招标的地区做了较深入的调查研究，则在拿到招标文件后只需要做针对性的补充调查，否则还需要做深入调查。

现场考察主要指的是去工地进行考察，招标单位一般在招标文件中注明现场考察的时间和地点，在文件发出后就要安排投标者进行现场考察准备工作。现场考察既是投标者的权利又是其责任，因此，投标者在报价前必须认真进行施工现场考察，全面地、仔细地调查了解工地及其周围的环境情况。

现场考察均由投标者自费进行，进入现场考察应从下述五个方面调查了解。

- 工程的性质以及与其他工程之间的关系。
- 投标者投标的那一部分工程与其他承包商或分包商之间的关系。
- 工地地貌、地质、气候、交通、电力、水源等情况，有无障碍物等。
- 工地附近有无住宿条件，料场开采条件，其他加工条件，设备维修条件等。
- 工地附近治安情况等。

（3）分析招标文件、校核工程量、编制施工规划

1）分析招标文件。招标文件是招标的主要依据，应该仔细地分析研究招标文件，主要关注招标者须知、专用条款、设计图纸、工程范围以及工程量表，最好有专人或小组研究技术规范和设计图纸，明确特殊要求。

2）校核工程量。对于招标文件中的工程量清单，投标者一定要进行校核，因为这直接影响中标的机会和投标报价。对于无工程量清单的招标工程，应当计算工程量，其项目一般可以单价项目划分为依据。在校核中如发现相差较大，投标者不能随便改变工程量，而是致函或直接找业主澄清，尤其对于总价合同要特别注意，如果业主在正式投标前不给予更正，而且是对投标者不利的情况，投标者在投标时应附上说明。投标人在核算工程量时，应结合招标文件中的技术规范弄清工程量中每一细目的具体内容，才不至于算错单位工程量价格。如果招标的工程是一个大型项目，而且招标时间又比较短，则投标人至少要对工程量大而且造价高的项目进行核实。必要时，可以采取不平衡报价的方法来避免由于业主提供工程量的错误而带来的损失。

3）编制施工规划。施工规划的内容，一般包括施工方案和施工方法、施工进度计划、施工机械和材料、设备和劳动力计划、临时生产和生活设施。制定施工规划的依据是设计图样、经复核的工程量，招标文件要求的开工、竣工日期以及对市场材料、机械设备、劳力价格的调查。编制的原则是在保证工期和工程质量的前提下，使成本最低，利润最大。

🌲 巩固训练

结合当地工程招投标实际情况，收集当地园林工程招投标信息，完成资格预审资料后，根据工程提供的相关工程招标文件资料，按照招标文件全面熟悉理解该园林工程施工招标的主要内容、评标要求、投标文件格式等，做好投标准备工作。

🌲 知识拓展

■ 联合体的优缺点

（1）可增大融资能力

大型工程建设项目需要有巨额的履约保证金和周转资金，资金不足无法承担这类项目，即使资金雄厚，承担这一个项目后就无法再承担其他项目了。采用联合体可以增大融资能力，减轻每一家公司的资金负担，实现以较少资金参加大型工程建设项目的目的，其余资金可以再承包其他项目。

（2）分散风险

大型工程风险因素很多，这诸多风险，如果由一家公司承担是很危险的，所以有必要依靠联合体来分散风险。

（3）弥补技术力量的不足

大型工程建设项目需要很多专门的技术，而技术力量薄弱和经验少的企业是不能承担的，即使承担了也要冒很大的风险，同技术力量雄厚、经验丰富的企业成立联合体，使各个公司之间的技术专长可以互相取长补短，就可以解决这类问题。

（4）报价可互相检查

有的联合体报价是每个合伙人单独制定的，要想算出正确和适当的价格，必须互查报价，以免漏报和错报。有的联合体报价是合伙人之间互相交流和检查制定的，这样可以提高报价的可靠性，提高竞争力。

（5）确保项目按期完工

通过对联合体合同的共同承担，提高项目完工的可靠性，同时对业主来说也提高了项目合同、各项保证、融资贷款的安全性和可靠性。

■ 园林建设工程招标文件的组成

园林建设工程招标文件是由一系列有关招标方面的说明性文件资料组成的，包括各种旨在阐释招标人意志的书面文字、图表、电报、传真、电传等材料。一般来说，招标文件在形式上的构成，主要包括正式文本、对正式文本的解释和对正式文本的修改三个部分。

（1）招标文件正式文本

招标文件正式文本的形式结构通常分卷、章、条目，格式如图1-4所示。

（2）对招标文件正式文本的解释（澄清）

主要形式是书面答复、投标预备会记录等。投标人如果认为招标文件有问题需要澄清，应在收到招标文件后以文字、电传、传真或电报等书面形式向招标人提出，招标人将以文字、电传、传真或电报等书面形式或以投标预备会的方式给予解答。解答包括对询问的解释，但不说明询问来源。解答意见经招标投标管理机构核准，由招标人送给所有获得招标文件的投标人。

工程招标文件
第一卷　投标须知、合同条件和合同格式
第一章　投标须知
第二章　合同条件
第三章　合同协议条款
第四章　合同格式
第二卷　技术规范
第五章　技术规范
第三卷　投标文件
第六章　投标书和投标书附录
第七章　工程量清单与报价表
第八章　辅助资料表
第四卷　图纸
第九章　图纸

图1-4　招标文件格式

（3）对招标文件正式文本的修改

主要形式是补充通知、修改书等。在投标截止日期前，招标人可以自己主动对招标文件进行修改，或为解答投标人要求澄清的问题而对招标文件进行修改。修改意见经招标投标管理机构核准，由招标人以文字、电传、传真或电报等书面形式发给所有获得招标文件的投标人。对招标文件的修改，也是招标文件的组成部分，对投标人起约束作用。投标人收到修改意见以后应立即以书面形式（回执）通知招标人，确认已收到修改意见。为了给投标人合理的时间，使他们在编制投标文件时将修改意见考虑进去，招标人可以酌情延长递交文件的截止日期。

■ 自我评价

评价项目	技术要求	分值	评分细则	评分记录
园林工程施工招标文件的主要内容	能理解园林工程招标的内容 能归纳出园林工程招标文件的主要信息 会按照招标文件要求做好信息收集工作	30	能准确把握园林工程招标文件信息，明确园林工程投标的基本要求，并将信息反馈给投标组织机构 信息把握不准确或不符合信息获取规范者扣 5~10 分 招标文件内容不全，不能及时做好信息收集工作者扣 5~10 分	
园林工程招标文件评标要求	理解园林工程招标文件的评标内容 会根据评标标准准备相关投标材料，准备投标 能根据评标要求确定工程投标标书主要内容与格式	30	园林工程施工招标评标细则内容理解不清者扣 5~10 分 不能根据评标要求为投标工作准备者扣 5~10 分 投标文件格式要求理解不全或理解错误者扣 5~10 分	
园林工程施工投标前的准备工作	进一步明确资格预审内容 能根据机构组成要求提出园林工程投标机构人员建议名单 能针对工程招标要求，分析公司实际情况，做好投标报价准备工作	40	资格预审材料整理或存储不规范者扣 5~10 分 对投标工作机构人员的能力要求不清楚者扣 5~10 分 不能提出投标工作机构人员名单者扣 5~10 分 不能根据评标要求为投标报价做准备者扣 5~10 分	

任务 *1.3*　确定园林工程投标决策

【学习目标】

园林建设工程投标决策，是园林建设工程承包经营决策的重要组成部分，是建设工程投标过程中一个十分重要的环节，它直接关系到能否中标和中标后的效益，因此，园林建设工程承包商必须高度重视投标决策。

【任务分析】

建设工程投标决策，是指建设工程承包商为实现其生产经营目标，针对建设工程招标项目，而寻求并实现最优化的投标行动方案的活动。建设工程投标决策的内容，一般说来，主要包括两个方面：一是关于是否参加投标的决策；二是关于如何进行投标的决策。在承包商决定参加投标的前提下，关键是要对投标的性质、投标的效益、投标的策略和技巧应用等进行分析、判断，作出正确抉择。因此，园林建设工程投标决策（图 1-5），实际上主要包括投标与否决策、投标性质决策、投标效益决策、投标策略和技巧决策四种。

讨论评标要求
（微课）

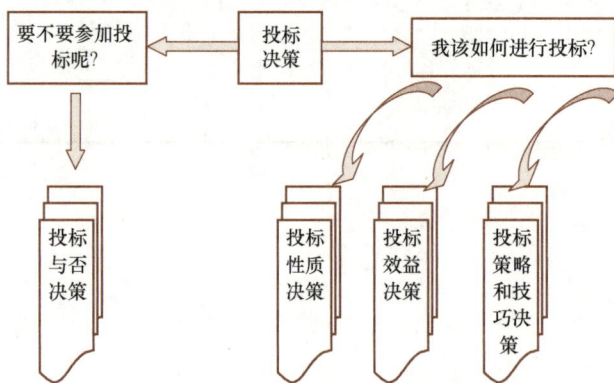

图 1-5　园林建设工程投标决策

【思政融入提示】

每一个投标决策与策略的应用，都包含着育人的思政元素，在教学过程中应以实例讲解为主，培养学生公平竞争的意识。

🌲 工作内容

园林工程投标决策直接关系到一个公司的经营状况，是公司实现其生产经营目标的关键之所在，因此，在获得园林工程招投标信息后甚至获得招标文件后，园林公司都应该根据工程实际、单位实力以及公司的经营状况采取相应的工程投标决策。具体投标决策包括以下四个方面。

1. 投标与否决策

建设工程投标决策的首要任务，是在获取招标信息后，对是否参加投标竞争进行分析、论证，并作出抉择。承包商关于是否参加投标的决策，是其他投标决策产生的前提。承包商决定是否参加投标，通常要综合考虑各方面的情况，如承包商当前的经营状况和长远目标，参加投标的目的，影响中标机会的内部、外部因素等。

一般说来，有下列情形之一的招标项目，承包商不宜决定参加投标：

- 工程资质要求超过本企业资质等级的项目。
- 本企业业务范围和经营能力之外的项目。
- 本企业在手承包任务比较饱满，而招标工程的风险较大或盈利水平较低的项目。
- 本企业投标资源投入量过大时面临的项目。
- 有在技术等级、信誉、水平和实力等方面具有明显优势的潜在竞争对手参加的项目。

2. 投标性质决策

关于投标性质的抉择主要考虑是投保险标，还是投风险标。所谓保险标，是指承包商对基本上不存在技术、设备、资金和其他方面问题的，或虽有技术、设备、资金和其他方面问题，但可预见并已有了解决办法的工程项目而投的标。保险标实际上就是不存在未解决或解决不了的重大问题，没有大的风险的标。如果企业经济实力不强，经不起风险，投保险标是比较恰当的选择。我国的工程承包商一般都愿意投保险标，特别是在国际工程承包市场上，投保险标的更多。

风险标是指承包商对存在技术、设备、资金或其他方面未解决的问题，承包难度比较大的招标工程而投的标。投风险标，关键是要能想出办法解决好工程中存在的问题。如果问题解决好了，可获得丰厚的利润，开拓出新的技术领域，锻炼出一支好的队伍，使企业素质和实力上一个台阶；如果问题解决得不好，企业的效益、声誉等都会受损，严重的可能会使企业出现亏损甚至破产。因此，承包商对投标性质的决策，特别是决定投风险标，应当慎重。

3. 投标效益决策

关于投标效益的决策，一般主要考虑是投盈利标、保本标，还是投亏损标。

1）盈利标。是指承包商为能获得丰厚利润回报的招标工程而投的标。一般来说，有下列情形之一的，承包商可以考虑决定投盈利标：

- 业主对本承包商特别满意，希望发包给本承包商的。

- 招标工程是竞争对手的弱项而是本承包商的强项的。
- 本承包商在手任务虽饱满，但招标利润丰厚、诱人，值得且能实际承受超负荷运转的。

2）保本标。是指承包商对不能获得多少利润但一般也不会出现亏损的招标工程而投的标。一般来说，有下列情形之一的，承包商可以考虑决定投保本标：

- 招标工程竞争对手较多，而本承包商无明显优势的。
- 本承包商在手任务少，无后继工程，可能出现或已经出现部分停工的。

3）亏损标。是指承包商对不能获利、自己赔本的招标工程而投的标。我国一般禁止投标人以低于成本的报价竞标，因此，投亏损标是一种非常手段，承包商不得已而为之。一般来说，有下列情形之一的，承包商可以决定投亏损标：

- 招标项目的强劲竞争对手众多，但本承包商孤注一掷，志在必得的。
- 本承包商已出现大量停工，严重亏损，急需寻求支撑的。
- 招标项目属于本承包商的新市场领域，本承包商渴望进入的。
- 招标工程属于承包商已有绝对优势占据的市场领域，而其他竞争对手强烈希望插足分享的。

4. 投标策略和技巧决策

关于投标策略和技巧的决策，比较复杂，一般主要考虑投标时机的把握，投标方法和手段的运用等。如在获得招标信息后，是马上就决定是否参加投标，还是先观望，后决定；在投标截止有效期限内，是尽早还是尽迟递交投标文件；在投标报价上，是采用扩大标价法，还是不平衡报价法，抑或其他报价方法；在投标对策上，是寻求投标报价方面的有利因素，还是寻求其他方面的支持，抑或兼而有之。

投标策略的运用
（微课）

🌲 巩固训练

根据当地工程招投标情况，提供当地某园林工程工程概况与招标要求，设计相关工程决策信息，从工程承包商当前的经营状况和长远目标，参加投标的目的，影响中标机会的内部、外部因素；承包商当前的技术、设备、资金和其他方面的情况；投标效益以及投标策略和技巧等方面进行分析。提出该工程可以采取的投标决策，通过实例分析归纳总结工程投标策略与决策。

🌲 知识拓展

■ 常见投标策略

1）做好施工组织设计，采取先进的工艺技术和机械设备；优选适合的植物及其他造景材料；合理安排施工进度；选择可靠的分包单位，力求最大限度地降低工程成本，以技术与管理优势取胜。

2）尽量采用新技术、新工艺、新材料、新设备、新施工方案，以降低工程造价，提高施工方案的科学性，以赢得投标成功。

3）投标报价是投标策略的关键。在保证企业相应利润的前提下，实事求是地以低报价取胜。

4）为争取未来的市场空间，宁可目前少赢利或不赢利，以成本报价在招标中获胜，为今后占领市场打下基础。

园林建设工程投标报价技巧

园林建设工程投标技巧是指园林建设工程承包商在投标过程中所形成的各种操作技能和诀窍。建设工程投标活动的核心和关键是报价问题，因此，建设工程投标报价的技巧至关重要。常见的投标报价技巧，主要有以下几种：

（1）**扩大标价法**

扩大标价法是指除按正常的已知条件编制标价外，对工程中变化较大或没有把握的工作项目，采用增加不可预见费的方法，扩大标价，减少风险。这种做法的优点是中标价即为结算价，减少了价格调整等麻烦，缺点是总价过高。

（2）**不平衡报价法**

不平衡报价法又叫前重后轻法，是指在总报价基本确定的前提下，调整内部各个子项的报价，以期既不影响总报价，又在中标后满足资金周转的需要，获得较理想的经济效益。不平衡报价法的通常做法如下：

1）对能早日结账收回工程款的土方、基础等前期工程项目，单价可适当报高些，对水电设备安装、装饰等后期工程项目，单价可适当报低些。

2）对预计今后工程量可能会增加的项目，单价可适当报高些，而对工程量可能减少的项目，单价可适当报低些。

3）对设计图纸内容不明确或有错误，估计修改后工程量要增加的项目，单价可适当报高些；而对工程内容明确的项目，单价可适当报低些。

4）对没有工程量只填单价的项目，或招标人要求采用包干报价的项目，单价宜适当报高些；对其余的项目，单价可适当报低些。

5）对暂定项目（任意项目或选择项目）中实施的可能性大的项目，单价可适当报高些；预计不一定实施的项目，单价可适当报低些。

（3）**多方案报价法**

多方案报价法即对同一个招标项目除了按招标文件的要求编制了一个投标报价以外，还编制了一个或几个建议方案。多方案报价法有时是招标文件中规定采用的，有时是承包商根据需要决定采用的。承包商决定采用多方案报价法，通常主要有以下两种情况：

1）如果发现招标文件中的工程范围很不具体、很不明确，或条款内容很不清楚、很不公正，或对技术规范的要求过于苛刻，可先按招标文件中的要求报一个价，然后再说明假如招标人对合同要求作某些修改，报价可降低多少。

2）如发现设计图纸中存在某些不合理并可以改进的地方或可以利用某项新技术、新工艺、新材料替代的地方，或者发现自己的技术和设备满足不了招标文件中设计图纸的要求，可以先按设计图纸的要求报一个价，然后再另附上一个修改设计的比较方案，或说明在修改设计的情况下，报价可降低多少。这种情况，通常也称作修改设计法。

（4）**突然降价法**

突然降价法是指为迷惑竞争对手而采用

的一种竞争方法。通常的做法是，在准备投标报价的过程中预先考虑好降价的幅度，然后战略性地散布一些假消息，如打算弃标，按一般情况报价或准备报高价等，等临近投标截止日期前，突然前往投标，并降低报价，以期战胜竞争对手。

自我评价

评价项目	技术要求	分值	评分细则	评分记录
投标决策意识	获得招标信息后，能考虑投标决策 准备投标阶段，能从公司实际情况进行分析，有投标决策意识 报价过程中，能从承包商当前的技术、设备、资金等方面进行分析，有决策意识	20	获得招标信息后，不能考虑投标决策者扣3~5分 准备投标阶段，不能从公司实际情况提出投标决策者扣3~5分 报价过程中，不能从承包商当前的技术、设备、资金等方面进行分析，无决策意识者扣5~10分	
投标决策内容的理解能力	能结合招标文件要求分析工程投标与否决策的内容 会结合工程投标目标与工程实际情况、公司实际情况分析公司投标性质与投标效益的决策 能根据评标要求理解投标报价的技巧	30	不能将招标文件要求与工程投标与否决策相结合者扣5~10分 未将工程投标目标与工程实际情况、公司实际情况相结合，不理解公司投标性质与投标效益决策者扣5~10分 不能根据评标要求理解投标报价技巧者扣5~10分	
巩固讨论阶段的投标决策运用能力	在讨论过程中能全面阐释投标决策的内容 能根据工程实际情况分析说明各投标决策的内容及理由 能针对工程招标要求，分析公司实际情况，做好投标决策工作	30	在讨论过程中不能全面阐释投标决策的内容者扣5~10分 不能根据工程实际情况分析说明各投标决策的内容及理由者扣5~10分 不能针对工程招标要求与公司实际情况，做好投标决策工作者扣5~10分	
投标报价技巧的运用能力	能在投标报价阶段提出报价思路 能结合实际项目理解投标报价技巧 能结合工程实际要求和工程量清单在投标报价时运用相关技巧	20	不能在投标报价阶段提出报价思路者扣3~5分 不能将投标报价技巧与实际项目相结合者扣3~5分 不能结合工程实际要求和工程量清单在投标报价时运用相关技巧者扣5~10分	

任务 1.4　园林工程施工投标标书制作

【学习目标】

园林工程施工投标标书制作是本项目的核心内容，园林工程投标标书主要包括两方面的内容，即技术标与商务标。本任务的目标是要求能够在前面内容的基础上，结合园林工程施工组织与管理学习领域所获得知识与技能，按照招标文件的要求完成技术标与商务标的编制工作。

【任务分析】

园林工程施工投标标书的制作（微课）

园林工程施工投标标书制作主要包括技术标与商务标两方面，标书的编制要求一般在园林工程招标文件中都有具体的要求，同时对格式与排版进行了规定。因此，该任务的主要内容是编制标书，实质上是对招标文件具体要求的响应。在标书编制过程中的关键任务是按照招标文件要求将技术标的内容进行填充，按照工程量清单要求进行工程报价填写商务标规定的表格内容。将招标文件的要求与表格全部完成后按照规定的格式进行制作即完成了投标标书的编制工作。本任务主要从标书编制内容角度进行学习。

【思政融入提示】

在投标标书制作过程中，每一步中分别融入不同的社会主义核心价值观，明确每一个园林工程建设项目，直接关系到国家的基本建设，关系到国家和集体的根本利益。通过现场考察，体现敬业精神；通过标书格式讲解规范要求；通过标书内容审核，渗透精益求精的工匠精神；通过关注标书打印输出的要求，全面提升学习者守时守信、严谨细致的劳动品质。

工作步骤

第一步，仔细研究招标文件，明确招标文件对投标标书内容的规定。

投标单位在取得投标文件后，要组织专门人员对文件的内容进行深入研究和分析，主要抓好以下几点：

1）要对投标文件各项要求有充分了解。通过对投标文件及其附件、图纸的仔细阅读、研究，对招标的各项要求、条件都要有全面了解，如对文件有任何含糊不清或相互矛盾的内容、不理解的地方，可以在招标截止日期前用书面或口头方式向招标单位询问、澄清。

2）要对投标文件影响单价构成的所有要求予以摘录，这是为了便于在以后做标书时进行单价分析。

3）要对投标文件中的合同文件、图纸、规范、工程量等资料进行详细分析，因为它关系到整个投标的进程。如合同条款中的一般条款是通用的，要注意招标单位在这些条款中有无改动，这些改动会产生哪些影响；对文件中的专用条款也要慎重研究，如果投标单位要求改动、删除或增加内容，只能作为报价时的附件，在议标中通过与招标单位谈判，确定是否调整这些条款或价格。

4）严格审查图纸。如果图纸与合同条件、工程设备的项目、规格和工程量要求、工程施工的特点、条件，以及有关规范标准等不符或有含糊不清的地方，应及时提交设计或招标单位澄清。

第二步，切实做好现场考察工作，为技术标编制准备现场条件。

投标单位在研究分析投标文件之后，接着要做好现场考察工作。通过考察，要对那些承包工程诸方面因素调查研究，进而对承包业务的前景作出正确的判断，这是投标竞争取得成功的前提。承包工程设备中的不可预见因素及承包的风险，多是由于对现场状况考察不深、不细所致。因此，必须做好投标项目现场的考察工作。

1）积极参与招标单位组织的工程项目的现场考察。不管投标文件提供的细节如何，投标单位都应通过对工程设备项目的现场进行调查，亲自收集合同协议规定中影响承包责任的一切资料和施工中可能遇到的风险，并收集分析可能产生的任何疏忽、贻误或失误，否则将不能解脱签订合同后应承担的风险。

2）了解工程项目所在的位置。包括现场的地理位置、地形、地质条件等。招标单位一般在投标文件中提供了工程的地形、地质资料，投标单位应对此进行核对，以便能更准确地确定中标后工程项目的施工方案。

3）了解并掌握交通情况。包括去现场的厂外道路；施工机械大构件和设备是否可以通行；是否能够修建或整修多少公里的临时道路；施工场地离火车站或可利用的铁路专用线有多远；附近有无河流、海洋，通航能力如何等。

4）了解现场的总体规划。工地附近是否有足够的空地用以布置施工设施，包括材料、设备堆放场地，各种加工场地，以及仓库、工地办公室、生活设施等。

5）了解现场临时供水、供电、通信设施。当地劳动力资源、技术手段、工资制度以及施工人员的食宿交通问题；了解当地的气候、多发病及医疗条件等。

6）了解当地原材料供应情况，运距远近。因为这些因素将影响工程成本，如从远距离以外购买原材料，不但增加了运费，还会因路途过远，材料供不应求，造成停工待料，影响工期。

7）了解并掌握其他资料。诸如地下管道、电缆的位置图、允许开挖的距离；工程设备的安装条件和生产条件、排放污物的条件、施工地区的有关法律规定等。

通过现场考察，投标单位对投标工程设备项目的前景状况作出预测，对投标的风险度作出判断，并结合过去承包类似项目的经验，作出投标的最终判断，同时通过现场考察，往往还能发现成本较低的施工方法和与之结合采取的施工加工措施，这对中标后用最经济的方法完成承包项目，带来理想的经济效益，创造了重要条件。

第三步，将招标文件中对技术标与商务标的要求与格式进行整理，编制投标文件。

（1）投标人的投标文件

1）投标承诺书。

2）投标承诺书附录。

3）法人代表不到场的情况下出具的法定代表人授权书。

4）商务标即投标报价表。

5）技术标即施工组织设计或施工方案。包括施工组织设计、项目管理班子配备、技术措施费、工期、质量承诺和施工技术方案等。

6）其他资料。投标人必须按本文件规定格式填写，不够用时，投标人可按同样格式自行编制和添补。其中，投标承诺书、投标承诺书附录、法人代表不到场的情况下出具的法定代表人授权书在招标文件中都以附件形式存在，只需投标人填写相应空格后统一装订即可。

（2）技术标编制

技术标通常由技术标标书的总说明、施工组织设计、项目管理班子配备、技术措施费、工期、质量承诺和施工技术方案等部分组成，具体内容如下。

技术标的编制
（微课）

1）技术标标书的总说明。

2）施工组织设计。应包括下列内容：

• 各分部分项工程施工技术方案。

• 确保工期的技术组织措施。

• 确保工程质量的技术组织措施、确保安全生产的技术组织措施、确保文明施工的技术组织措施等。

• 工程主要材料的检验、测量、质检仪器设备表。

• 其他需要说明的问题。

并包括以下附表：

• 拟投入的主要施工机械设备表。

• 劳动力计划表。

- 计划开、竣工日期和施工进度网络图。
- 施工总平面布置图及临时用地表。

3）项目管理班子配备情况。主要包括项目管理班子配备情况表、项目经理简历表、项目技术负责人简历表和项目管理班子配备情况辅助说明等资料。

商务标的编制
（微课）

（3）商务标编制

1）明确商务标的内容。商务标的格式文本较多，《建设工程工程量清单计价规范》规定商务标应包括以下内容：

- 封面。
- 投标总价及工程项目总价表。
- 单项工程费汇总表。
- 单位工程费汇总表。
- 分部分项工程量清单计价表。
- 措施项目清单计价表。
- 其他项目清单计价表。
- 零星工程项目计价表。
- 分部分项工程量清单综合单价分析表。
- 项目措施费分析表和主要材料价格表（表格形式及内容详见项目2）。

2）掌握投标报价的编制原则。投标报价的编制主要是投标单位对承建招标工程所要发生的各种费用的计算，在进行投标计算时，必须先根据招标文件进一步复核工程量。作为投标计算的必要条件，应预先确定施工方案和施工进度，此外，投标计算还必须与采用的合同形式相协调。报价是投标的关键性工作。报价是否合理直接关系到投标的成败。报价原则如下：

- 以招标文件中设定的承包双方工作范围责任划分作为考虑投标报价费用项目和费用计算的基础，根据工程发承包模式考虑投标报价的费用内容和计算深度。
- 以施工方案、技术措施等作为投标报价计算的基本条件。
- 以反映企业技术和管理水平的企业定额作为计算人工、材料和机械台班消耗量的基本证据。
- 充分利用现场考察、调研成果、市场价格信息和行情资料，编制基价，确定调价方法。
- 报价计算方法要科学严谨、简明适用。

3）收集投标报价的编制依据。

- 招标单位提供的招标文件。
- 招标单位提供的设计图纸、工程量清单及有关的技术说明书等。
- 国家及地区颁发的现行建筑、工装工程预算定额及与之相配套执行的各种费用定额规定等。

- 地方现行材料价格、采购地点及供应方式等。
- 因招标文件及设计图纸等不明确经咨询后由招标单位书面答复的有关资料。
- 企业内部制定的有关取费、价格等的规定、标准。
- 其他与报价计算有关的各项法规、政策、规定及调整系数等。

4) 投标报价的编制方法。

- 以**定额计价**模式投标报价。一般是采用预算定额来编制，即按照定额规定的分部分项工程逐项计算工程量，套用定额基价或根据市场价格确定直接费，然后再按规定的费用定额计取各项费用最后汇总形成标价。这种方法在我国大多数省市现行的报价编制中比较常用。

- 以**工程量清单计价**模式投标报价。这是与市场经济相适应的投标报价方法，也是国际通用的竞争性招标方式所要求的。一般由工程造价咨询企业根据业主委托，将拟建招标工程全部项目和内容按相关的计算规则计算出工程量，列在清单上作为招标文件的组成部分，供投标人逐项填报单价，计算出总价，作为投标报价，然后通过评标竞争，最终确定合同价（图 1-6）。投标者填报单价时，单价应完全依据企业技术、管理水平等企业实力而定，以满足市场竞争的需要。

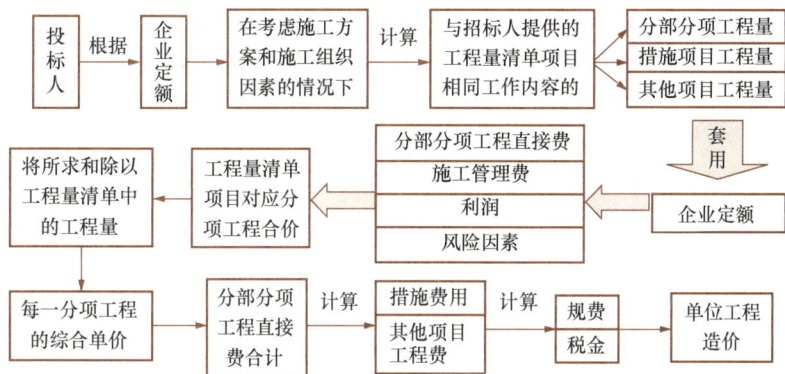

图 1-6　工程量清单计价模式投标报价

我国工程造价改革的总体目标是形成以市场价格为主的价格体系。但目前尚处于过渡时期，今后，我国工程造价管理模式将会出现前所未有的多种模式并存的局面。

5) 投标报价的步骤。商务标的投标报价是投标单位承包项目的经济条件，报价中综合了施工过程中的全部费用。关于报价的步骤一般包括以下几步：

第一，根据投标书内各项具体规定条件，结合现场考察时各项记录，经过整理后分专项逐一测算其工作量。

第二，根据设计图纸和技术说明，按标书中所列工程量列出单价、分项价和总价。

第三，对完成项目所需的原材料、人工和设备等直接费用进行核标。对管理费、利润、竣工后的维修费，以及税收、保险、银行贷款和不可预见费等间接费用推算在各分项工程单价内。

第四，由于实际工程量和设计工程量总是有出入，所以要根据实际考察和审查设计图纸，预计在施工中可能对设计图纸进行部分更改、工程量可能有所增减的因素。但在填报单价时应注意策略。

第五，投标书中所报价格一般为工程项目竣工后的付款价格，其间，无论物价、工资、汇率有否变动，均不予调整价格。因而，如施工时间过长，在报价时，应充分考虑以上变动因素。

第六，如果投标单位想对工程项目提出新的设计、施工方案，报价时除按投标书要求报价外，还可向招标单位递交供选择的投标书，附有详细的设计图纸和说明，并说明新的方案在施工进度和造价方面与原设计的对比优点。

第七，在国外投标，标书中的监理工程费是工程量以外专供监理工程师及其办事人员使用的费用，这部分费用包括在工程造价之内，名义上属承包人占有，实质上归监理工程师使用。报价时，如果这部分费用过低，在实际使用中超出的部分由承包人贴补，如果报价过高，其剩余部分由发包人扣留。因此，此报价应力求准确。

第四步，加强投标书关键内容的审查，确保投标书质量。

（1）标书编排格式的审查

目前，技术标采用暗标的形式，招标文件对技术标的排版、排序、文字的字体、字号、每行字数、页边距、行距、插图及颜色、表格等格式都有了明确的规定，所以技术标的审查主要包括排版、排序、文字的字体、字号、每行字数、页边距、行距、插图及颜色、表格等格式是否符合招标文件要求。对采用暗评方式进行评标的技术标，不能出现明示或暗示投标单位的识别标志。

（2）标书编制范围的审查

审查投标书编制范围是否与招标文件相一致。主要包括"编制范围"一节的编写范围和主要工程数量、施工方案、方法、工艺等主要施工内容是否与招标文件相一致。

（3）标书编制顺序的审查

有的招标文件对技术标编制顺序做了规定，编制时就要严格按照要求顺序编写。主要审查投标书目录设置与否，主要标题的内容、每一章节的内容及层次是否与招标文件相一致。

（4）标书编制内容的审查

审查内容有以下几个方面：

1）组织管理机构。审查管理机构的设置是否与招标文件相一致。同时要将商务分册内主要人员的资质、职称、业绩资料与招标文件或资质审查文件要求进行对照审查。

2）施工安排。施工总体安排、施工队伍布置、施工区段划分、施工场地布置、工程施工顺序、临时工程等是否科学、合理、符合规范及招标文件要求。

3）工期。审查工期目标，主要工程项目工期安排，主要施工节点工期，保证工期的主要措施及受罚条款是否与招标文件相一致；横道图、网络图（形象进度图）是否齐全，工序衔接是否合理，时间安排能否满足招标文件和工期目标，主要工程项目工期要求、格式是否符合招标文件的规定。

4）质量。质量目标，质量保证体系，质量管理制度，质量管理职责，保证质量的措施，冬、雨、夜质量保证措施，创优规划及措施，已完工程保护措施，工程回访措施等是否满足招标文件的要求；专职质检人员不能到岗或中途更换、工程质量不能达到要求的受罚条款等是否与招标文件要求相一致。

5）安全。安全目标，安全保证体系，安全管理制度，安全管理职责，保证安全的措施，冬、雨、夜安全保证措施，治安消防措施，已完工程保护措施等是否满足招标文件的要求；专职安检人员不能到岗或中途更换、发生安全事故的受罚条款等是否与招标文件要求相一致。

6）施工方案、方法、工艺。采用的施工方案、方法、工艺是否满足招标文件强制性要求，是否先进、合理等。采用的材料、机械设备和试验检测手段是否能满足质量、安全、环保要求。

7）劳、材、机配备。是否符合招标文件及施工方案、方法、工艺要求，特别是材料供应方式、供应计划不能违背招标文件要求，并与施工进度相适应。

8）文明施工、环境保护。文明施工、环境保护目标、施工中采取的措施是否完全响应招标文件。

9）各项管理制度。除审查上述工期、质量、安全管理制度外，还要审查招标文件规定的其他管理制度，如主要材料的采购供应制度、试验室管理制度等。

（5）标书统一性审查

一本标书的前后内容都存在相互关联，这就要求前后内容相一致。例如，组织机构的职能部门、队伍安排与队伍布置、平面图等相一致；总工期安排与重点工程的工期安排相一致；施工方法采用的主要机械设备与机械设备配备表相一致；检测试验手段与主要检测试验设备配备表相一致。

（6）标书完整性审查

审查投标书的排序、页码、内容等是否完整。审查投标书是否有缺漏项、缺漏页或内容的缺项。审查时尤其要将正本作为重中之重，加强审查。

第五步，标书的打印与装订。

标书的打印装订工作是做好标书的最后一个环节，一定要注意装订标书的规格和规范。例如，有的招标文件在标书封面上有规定：如要求企业单位、单位法人、技术负责人、工程预算员都要签字和盖章，否则，作无效标处理，为此，投标单位每项都要相关人员签上字并盖上章；如标书要求相关人员签字或盖章，则签字或盖章都行。在封标之前还需认真核对标书的页码，检查标书是否漏页、错页，经检查无误后再盖上"副本"和"正本"字样，最后封好标书。

所有的投标文件准备齐全后，一般按照类别分成下列部分分装。

（1）有关投标人资历的文件

1）投标委任书；

2）证明投标人的资历、能力和财力的文件；

3）投标保证金或投标保函；

4）投标人在工程项目所在国的注册证明；

5）投标人对投标附加条件的说明。

（2）与报价有关的技术规范文件

1）施工进度表；

2）施工技术规范；

3）为施工工程而提供的设备、机械和材料的规格、样本和有关技术说明。

（3）各类清单报价表

工程量清单报价表、主要材料单价和总价等。

（4）设计图纸及有关说明

投标文件应分装在合适的袋子里密封。在袋子上注明招标机构、投标单位名称、投标日期，投标时间不宜过早，在投标截止日前一至两天为宜，以便在发生新的情况时可以作修改。如果投标单位通过邮寄递交标书，则必须考虑到招标机构一定能在投标截止日前收到标书，以免误期作废。

第六步，电子标书的制作与上传。

（1）明确电子标书的要求

在投标过程中一些项目为网上投标项目，电子投标文件要求通过指定的投标工具生成，投标者一定要按照招标文件要求落实相应的工具软件的安装，运用软件做好标书，并申请全部投标文件内容资料。

（2）做好电子投标文件的盖章

投标文件格式文件中要求投标人盖章、法定代表人印章的地方，投标人均应使用数字证书（CA）加盖投标人的单位电子印章、法定代表人个人电子印章。联合体投标的，除联合体协议书格式之外，仅由联合体牵头人加盖单位电子印章、法定代表人个人电子印章即可。

（3）电子投标文件的制作

首先，根据工程项目所在区域和工程建设要求，运用与项目要求匹配的计价软件进行计价；然后，运用投标工具软件生成相应的投标文件并进行加密，准备上传提交。

（4）电子投标文件的上传

1）结合招标文件要求，电子投标文件应该在上传截止时间前完成上传；电子投标文件要求上传至指定的评标平台。

2）当项目采取远程不见面开标时，要求投标人在投标截止时间前将电子投标文件上传至××区公共资源交易系统（http：//××××.cn：），投标人通过××区公共资源交易不见面开标系统参加开标会议。

（5）特殊情况处理

1）因网络、系统、电力等不可抗力因素延期开标的，需要更新制作投标文件并按招标文件要求重新递交。

2）电子投标文件的拒收情形主要有以下几种情况：

① 投标截止时间后送达（上传）的投标文件、未按招标文件要求上传的。

② 投标人未按规定加密的投标文件，应当拒收并提示。

③ 存在下列情况之一的视为拒收（因招标人或系统原因导致的，另见招标文件约定）：

a. 电子投标文件无法解密的；

b. 电子投标文件解密后无法正确读取的；

c. 电子投标文件无法导入成功的。

④ 未被邀请的投标（申请）人提交的投标文件（适用于邀请招标或已进行资格预审的招标项目）。

⑤ 未下载招标文件的投标人提交的投标文件。

巩固训练

根据上一任务巩固训练的内容进一步分析研究，整理招标文件对投标标书的要求，分组编制投标标书。要求将施工组织和管理知识与园林预算知识再次完整运用到园林工程投标标书中，进一步巩固这些知识。

知识拓展

■ 园林工程投标标书编制要点

编制好园林工程技术标书不是一件容易的事。要编制好科学规范的园林工程技术标书，必须注意以下几个方面。

（1）做园林工程技术标书的要点

1）熟悉标书内容领会标书意图。目前园林工程技术标从招标形式上可分为明标和暗标，从内容上可分为承诺式和编制式。投标单位购买回标书文件后阅读标书时首先要看清要求做的技术标是明标还是暗标、是承诺式的标书还是编制式的标书，无论是承诺式标书还是编制式标书，暗标要求投标者不能透露出任何投标单位的信息，否则，该标书作废标处理，可见暗标要求比明标严格。承诺式标书招标方已按该园林工程的特点、要求分项分类编制好技术标书，如投标方按招标方要求能做到的，则在每项后填写"同意"等字样，反之填写"不同意"字样。投标单位承诺几项得相应项的分值，不承诺项不得该项分值。编制式标书是要求投标方根据本单位实力，按工程要求编制好技术标。因此，投标单位购买回标书文件后阅读标书时要看清标书内容及要求。

2）按要求和规范做好标书编制工作。

首先，对于承诺式技术标书，招标方在招标文件中有类似的硬性规定，投标人编制时要严格遵照执行，否则，该标书作废标处理。例如：①技术标书不能复印。②字体要小三号楷书。③"同意"字样要书写，不能打印。④标书内容不能少字或多字等。因投标单位技术人员不认真阅读招标文件，没有领会招标单位的编制意图，结果投标单位丢掉了技术分。

其次，有许多企业编制技术标时，不认真校对标书内容，把关键字打错，而标书明确规定：承诺书多一字或少一字该项承诺都得零分。

3）严格按招标文件编制技术标。园林工程投标标书的内容在招标文件中一般都有特别的要求，如在招标文件中招标方要求投标人突出下列关键技术内容编制园林工程技术标：

① 该工程植物材料和相关建设材料的来源渠道。

② 恶劣环境条件下的施工技术。

③ 养护管理措施。

④ 保证施工质量和工期的具体措施。

⑤ 提高植物成活率的保证措施。

⑥ 具体分项工程施工技术，如假山、水系、园路等施工技术。

⑦ 文明安全施工保证措施。

⑧ 施工进度和劳动力的安排。

⑨ 项目部人员的配备及工作职责。

⑩ 机械设备准备及进场计划。

在编制以上内容时可以从以下方面考虑：

① 园林工程主要以植物造景为主，而施工的苗木来源对提高成活率及苗木的规格质量都至关重要。在编制标书时要明确：苗木来源以本地优质规格苗为主，如有的苗木一时难以满足工程要求，确需外出采购的也应选择周边地市作为供货渠道，而且从起苗到运输至工地时间不应超出 24 小时。从选苗、掘苗、起苗、运苗和卸苗的各环节都需编制清楚。在此项工作中还需要注明所有的苗木无病虫害、生长健壮、规格均符合工程设计要求。

② 恶劣环境条件下的施工技术主要是指春季连续多雨，初夏早秋连续高温干旱，冬季严寒干燥，但工程工期又紧张时，为保证工程质量和工期而采取的施工技术。在编制此条时，我们就要充分考虑到各个季节的气候变化对植物成活率的影响，尽量先做土建工程，一旦气候条件允许，集中力量开始进行绿化工程的施工。同时要计划好各种防范措施的综合运用，如遮阳网、修剪及防冬技术的运用。

③ 保证工期施工措施是针对特殊情况下的施工方法，是考验施工单位处理应急情况的能力。因此，投标单位要根据自身的实际能力再结合分析可能影响工程工期的因素，然后再作出科学合理的应急方案，编好工程进度网络图，尽量优化交叉施工的组织

安排。

④ 保证栽培苗木的成活率是绿化工程最重要内容之一，如何保证成活率，这就要求我们施工单位根据以往的施工经验，结合该工程的特点综合分析影响植物栽培成活率的因素，然后一一提出解决问题的可行性措施，而且这些措施的实施是行之有效的。

⑤ 在编制分项工程的施工技术时要按分项工程施工行业规范、标准、施工程序编制，每个施工环节都要思路清晰、内容翔实、数据确凿、论证充分、技术科学，文字描述切忌含糊不清，施工顺序不能颠倒。

⑥ 养护管理措施要分绿化工程和建筑工程编制，绿化分项工程的养护管理要根据当地的气候条件周年编制，根据每月的养护要求编制周年养护表，养护管理的侧重点为日常的除草、施肥、整形修剪、病虫害防治、浇水、防冻等工作。每个环节都要写详细具体。建筑分项工程要根据工程养护特点和要求编写，不能与植物养护混为一谈。

⑦ 安全生产、文明施工是近年来园林工程非常重视的施工环节，在这一项内容中要编制清楚施工总平面图，按照施工总平面图设置各项临时设施；要有安全生产组织机构、保障安全生产措施、处理突发性安全生产事故预案、工人饮食安全，工地整洁、劳动工具摆放整齐等内容都要有一个合理的安排。目的是规范施工行为、强化施工管理、提高工程质量，保障职工身心健康。本项内容非常关键，不能少项或缺项，而且编制顺序要与标书一致，以便专家评标。

（2）做园林工程商务标的要点

相对技术标而言，商务标要求更加细致、具体。园林工程商务标可分为工程投标报价和工程量清单的编制。投标报价应根据招标文件中的工程量清单和有关要求。结合施工现场的实际情况，自行制定的施工方案或施工组织设计，依据企业定额和市场价格信息，或参照建设主管部门发布的社会平均消耗量定额进行编制。工程量清单计价应按文件规定，完成工程量清单所列项目的全部费用，包括分部分项工程费、措施项目费、其他项目费和规费、税金。工程量清单应采用综合单价计价，它包括单位项目所需的人工费、材料费、机械使用费、管理费和利润，并考虑风险因素。

园林工程商务标在一定程度上决定了投标单位能否中标，而投标报价又是中标的关键因素。为此，在投标报价函中必须正确书写报价，尤其是大写报价，因大、小写报价出现矛盾时，一般都以大写为主。工程量清单计算时，要核对每项费用，电脑累计各项费用后再用计算器验证，因为评标专家核算费用时是用计算器的，以防计算机与计算器计算不同造成的误差。

如何提高标书编制人员的综合素质

技术标编制要求编制人员具有一定的施工技术、经验、规范知识，对招标文件、合同条款、设计资料等非常熟悉，掌握工程料、工程机械、试验、测试设备等专业知识，具有计算机的综合应用能力。另外，还要达到技术标的编制与投标书商务分册等其他投标文件的完全统一，所有这些都要求技术标编制人员具有较高的综合素质。为提高标书编制人员的综合素质，建议加强以下几方面工作。

（1）加强编标人员的工程专业技术学习

随着科学技术的发展，各类工程专业设计及施工技术亦在不断更新和发展。技术人员要编好标，就要不断学习、了解新技术、新方法、新材料、新设备、新试验方法，不断收集、整理和学习新施工方法、工艺和工法，提高自身专业技术水平。编标人员还要经常深入施工现场，了解施工现场各类工程所采用的施工方法、工艺、新设备、新材料的使用情况，以期达到施工安排、施工方案、方法合理，工艺先进，达到施工安排、施工方案、方法、工艺与本单位的技术装备能力和先进科学技术的有机结合，提高技术标书的竞争力。

（2）加强施工规范、验收标准的学习

工程建设离不开施工规范、验收标准，它是施工和验收交付的依据和准则，一个技术人员如果不了解施工规范、验收标准，编写的施工方案、方法就难以满足施工规范、验收标准及招标文件的要求，就会导致废标。因此，学习和掌握一定的施工规范、验收标准知识，并能准确合理地应用到编制的标书中是非常重要的。

（3）加强施工全过程及相关专业知识学习

技术标编制是从施工准备开始，包括施工场地的布置和临时工程的设置，到施工过程的管理、施工顺序、工期安排，采用的施工方案、方法、工艺、质量检测，直至竣工验收交付全过程的施工组织设计，这就要求技术人员不仅要掌握施工方案、方法、工艺方面的知识，还要具有一定的施工管理知识、设备方面的知识和有关材料，技术人员掌握了这些知识，施工安排、机械设备、测试仪器配置才能合理可行，施工方案、方法、工艺、检测手段才能具有科学性、先进性，保证工期、保证质量措施才具有说服力，投标书的综合质量才具有竞争力。

（4）加强编标人员的计算机专业技术学习

目前，计算机已成为各类专业技术人员工作的基本工具。这就要求编写人员具有一定的计算机应用能力，在编写开始时就严格按照招标文件的要求，从源头上做好技术标的文字、图表的编排工作。

（5）加强对招标文件、设计资料的学习

投标书是承包方按照招标文件、设计资料要求，对工程施工的总体安排和对建设单位的承诺。这是关系到招标文件响应性和投标书有效性的问题，必须严格执行。

■ 国际投标报价的方法与技巧

国际投标报价情况与国内不同，且较复杂，要想中标，一是熟悉国际投标业务制度，清楚方法和程序，并了解其习惯做法；二是要掌握其报价知识，报价方法，报价内容以及法律法规等。

国际投标报价的基本程序如下。

（1）标价计算前的准备工作

1）熟悉和研究招标文件。承包商在标价计算准备阶段，应认真阅读和理解招标文件中的全部内容，包括投标范围、技术要求、商务条件，工程中须使用的特殊材料和设备，此外还应整理出招标文件中含糊不清的问题，有一些问题应及时提请业主或咨询工程师予以澄清。以便在编标报价时做到心中有数，防止投出的标不符合业主的要求或使报价不合理或漏项。

2）进行各项调查研究。开展调查研究是标价计算之前的一项重要准备工作，是成功投标报价的基础。

3）参加标前会议。标前会议是业主给所有投标者提供的一次质疑的好机会，应充分利用。在标前会议召开之前，应事先熟悉招标文件，将发现的各种问题整理为书面文件，寄给招标单位并要求书面答复，或在标前会议上予以澄清和解释。

4）复核工程量。通常情况下招标文件中均附有工程量表，投标者应根据图纸仔细核算工程量，当发现相差较大时，投标者不能随便改动工程量，而应致函或直接找业主澄清。对于总价固定合同要特别引起重视，如果业主投标前不予更正，而且是对投标者不利的情况，投标者在投标时要附上声明：工程量表中某项工程量有错误，施工结算应按实际完成量计算。也可以按不平衡报价的思路报价，有时招标文件中没有工程量表，需要投标者根据设计图纸自行计算，按国际承包工程中的惯例形式分项列出工程量表。

不论是复核工程量还是计算工程量，都要求尽可能准确无误。这是因为工程量大小直接影响投标价的高低。特别是对于总价合同来说，工程量的漏算或错算有可能带来无法弥补的经济损失。因此，承包商在核算工程量时，应当结合招标文件中的技术规范弄清工程量中每一细目的具体内容，才不致在计算单位工程量价格时搞错。如果招标的工程是一个大型项目，而且投标时间又比较短，要在较短的时间内核算工程量细节是十分困难的。但是即使时间再紧迫，承包商至少也应该核算那些工程量大和造价高的项目。

在核算完全部工程量表中的细目后，投标者可按大项分类汇总主要工程总量，对这个工程项目的施工规模有一个全面和清楚的概念，并用以研究采用合适的施工方法，选用适用和经济的施工机具设备。

5）制定施工规划。招标文件中要求投标者在报价的同时要附上其施工规划。施工规划内容一般包括施工方案、施工进度计划、施工机械设备和劳动力计划安排以及临建设施规划。制定施工规划的依据是工程范围、设计图纸、技术规范、工程量大小、现场施工条件以及开工、竣工日期。

施工规划将作为业主评价投标者是否采取合理和有效的措施，能否保证按工期、质量要求完成工程的一个重要依据。外加施工规划对投标者自己也是十分重要的，这是因为施工方案的优选和进度计划的合理排定与工程报价有密切的关系，编制一个好的施工规划可以降低标价，提高竞争力。

制定施工规划的原则是在保证工程质量和工期的前提下尽可能使工程成本最低。在这个原则下，投标者要采用对比和综合分析

的方法寻求最佳方案。

（2）询价及其方法

询价是报价的基础，正确的报价是建立在全面而准确的询价基础上的。询价工作可分为以下几个步骤进行，即首先对工程所需物资分类，确定询价内容，然后对外购物资进行询价。

（3）询价注意事项

1）要认真选择询价对象。投标人询价一方面为了确定投标报价，另一方面，也为寻找最为有利的物资。这样，询价也就成为买主货比三家的手段。但是，询价单不可盲目乱发。否则，供应商会认为询价人没有交易的诚意，而不予配合，有经验的买主在发出询价时，都要事先看准几个可靠的询价目标，然后发出询价单，取得满意的效果。

2）询价要明确、详细。投标人通过询价单详细说明所需货物的质量、性能、规格。询价单不明确，对方发回的报价就不真实。甚至，有些卖方会利用询价人的疏忽，在报价单上做手脚。

3）要慎重对待低价。询价发出后，卖主发回报价。对其中的低报价，投标人不能一概接受。有些报价虽然表现为较低的价格金额，但卖主可能在该批供货的其他交易条件上进行弥补，或者在供货质量方面降低标准。因此，接到卖方报价后，投标人要对其进行各项条件的全面审查，只有价格低，同时其他交易条件也优惠的报价才可接受。

可见，投标人在询价时，要尽可能地将有关询价物资的细节和要求明确在询价单中。同时，对于发回的定义不清、条件含糊的报价，一定要鉴别和分析。不符合要求时，应要求对方解释或重新报价。

（4）编制报价项目单价表

报价项目单价表是投标报价的基础。编制报价项目单价表的基本步骤如下：

1）划分报价项目和分摊费用项目。报

价项目就是工程量清单上所列的项目，如平整场地、土方工程、混凝土工程、钢筋工程等，其具体项目随招标工程内容及招标文件规定的计算方法而异，须按文件要求划分。分摊费用项目不在工程量清单上出现，而是作为报价项目的价格组成因素隐含在每项单价之内。这类费用项目大体上相当于国内工程预算造价中的施工管理费、独立费和利润之和；细分则可有投标开支、担保费、代理费、保险费、税金、贷款利息、临时设施费、机械和工具使用费、劳动保险支出、其他杂项费用以及计划利润等项目。

有些国际招标的工程往往将属于施工管理费的若干项目在工程量清单中的"开办费"项下列出，要求逐项报价。遇到这种情况，则应按报价项目处理。

2）确定基础单价。在国外承包工程的工人工资，应按我国出国工人和当地雇用工人分别确定。

材料、半成品和设备预算价格的计算应按当地采购、国内供应和从第三国采购分别确定。

机械使用费由基本折旧费、运杂费、安装拆卸费、燃料动力费、机上人工费、维修保养费以及保险费等组成。

3）确定施工管理费率。我国在国际建筑市场上承包工程的施工管理费，报价时采用的费率应根据工程的具体条件，参考过去完成同类工程实际发生的管理费加以测算。

（5）国际工程投标报价中的盈亏分析

编出单价汇总表以后，即可结合工程量清单进行标价试算。经初步检查，须对某些项目的单价进行一定的调整，形成基础标价。经盈亏分析，提出可能的低标价和可能的高标价以供决策。

盈亏分析就是对盈亏进行预测，目的是使投标团队对标价心中有数，以便作出报价决策。虽然这种预测不一定十分准确，但毕竟要比凭个人主观愿望而盲目压价或层层加码更有科学根据。

自我评价

评价项目	技术要求	分值	评分细则	评分记录
招标文件对投标标书内容规定的理解	研读招标文件要求，能整理出投标标书的内容并列出编制清单　能根据评标要求归纳出投标书重点核心内容　明确工程量清单报价表格要求	20	读完招标文件后不能整理出投标书思路计划者扣3～5分　编制标书过程前不能根据评标要求制定投标书编制清单者扣3～5分　标书编制思路不清、重点不明确者扣5～10分	
现场考察为技术标编制准备的条件	能结合现场考察情况分析工程投标书内容　会将现场情况与投标书施工方案相结合进行编制标书　会结合招标文件要求进行现场考察	30	现场考察目的不明确者扣5～10分　现场考察过程中不能将现场实际情况与招标文件内容结合起来进行现场信息记录者扣5～10分　现场考察信息收集不全面，不能及时做好信息整理工作者扣5～10分	

评价项目	技术要求	分值	评分细则	评分记录
根据招标文件内容与格式要求编制投标文件	明确招标文件对投标标书内容的规定，会填写投标函部分内容 会根据技术标要求编制技术标 会结合工程量清单编制投标商务标	30	投标函内容填写不符合要求者扣5～10分 技术标编制内容不全或技术标关键内容与投标文件不响应者扣5～10分 不能针对工程量清单与工程施工工艺进行合理组价者扣5～10分	
投标书关键内容的审查	会根据评标要求审查技术标内容 会审查商务标格式与要求 会整体审核投标书内容，排版与格式符合评标要求	20	技术标审核过程中出现明显错误者扣3～5分 商务标格式与要求审核不符合要求者扣5～10分 在审核过程中未能发现本身存在不符合要求者，每存在一处扣5～10分	

任务 *1.5*　投送投标标书与开标评标

【学习目标】

投标标书编制完成后，投标单位应该将标书按照招标文件要求进行包装，在规定的时间前送达到规定的地点，并按照招标文件开标要求组织人员参与开标、评标过程。本任务的目标是学会投标文件包装的要求与方法，准时将投标文件送达规定地点；同时能够按照开标要求参与工程开标评标，全面掌握工程开标的要求与程序，理解评标要求与评标方法。

【任务分析】

根据评标要求，标书包装不符合要求或未能在规定时间内送达者将作为无效标处理，意味着前期的工作前功尽弃。本任务完成的好与坏直接关系园林工程企业的利益。因此，学习本任务的过程中，要有高度的责任意识和细致的工作态度。该任务中的包装与投送工作专业性不强，但关系全局。必须高度重视招标文件关于标书包装与投送要求，养成工作细致、责任心强的职业素养。开标评标过程是对投标单位工作的检验过程，更是投标单位改进与提高的过程（图 1-7）。本任务内容主要通过实际操作进行学习。

图 1-7　投送投标标书与开标评标

熟悉园林工程
投标程序
（微课）

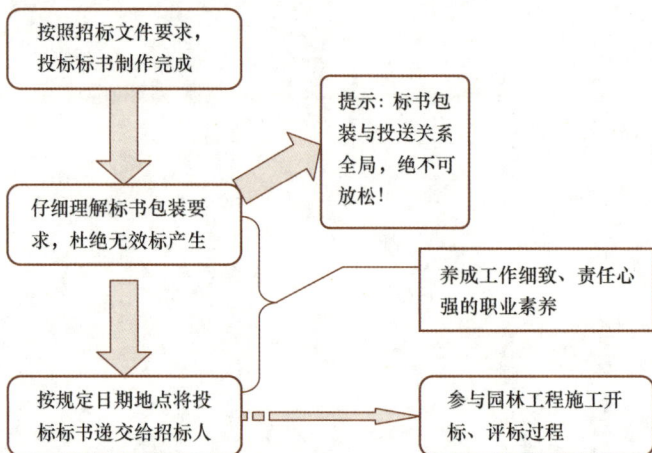

【思政融入提示】

结合标书投送和开标、评标的过程讲解，提醒学习者标书包装和投送关系全局，是公正核心价值的体现。开标、评标过程评审的是数据与资料，考验的是学习者的责任心和敬业意识。本工作过程要求在规定的时间、地点投送规范、合理、有效的标书，培养学习者具有极强的时间观念、质量意识和守正创新的精神。

工作步骤

作为园林工程投标单位，在做好投标标书后，应该严格按照招标文件要求做好标书的包装工作，并准时将投标文件送到规定的地点，按照要求组织人员参与工程开标与评标过程。该过程工作的关键要求是学习者的职业素质与劳动态度。具体的工作步骤如下。

第一步，标书的包装。

投标方应该注意标书的包装，标书的封面上尽可能做得精致一些，也可以请专业人员设计制作标书的封面。园林标书封面上的图案最好与园林或林业这个大的主题相关，但不可泄露标书中的内容。只有文字的标书封面应该设计得简洁流畅，可在封面正中标明机密字样。

标书的包装
（微课）

投标方应准备一份正本和三至五份副本，用信封分别把正本和副本密封，封口处加贴封条，封条处加盖法定代表人或其授权代理人的印章和单位公章，并在封面上注明"正本和副本"字样，然后一起放入招标文件袋中，再密封招标文件袋。文件袋外应注明工程项目名称、投标人名称及详细地址，并注明何时之前不准启封。一旦正本和副本有差异，以正本为准。

因为每一个招标项目评标有其个性要求，所以最终标书的包装要结合对应的招标文件要求进行审核，以招标文件要求为标准。

第二步，标书的投送。

投标人应在招标文件前附表规定的日期内将投标文件递交给招标人。招标人可以按招标文件中投标须知规定的方式，酌情延长递交投标文件的截止日期。在上述情况下，招标人与投标人以前在投标截止期方面的全部权利、责任和义务，将适用于延长后新的投标截止期。在投标截止日期以后送达的投标文件，招标人应当拒收，已经收下的也须原封退给投标人。

投标人可以在递交投标文件以后，在规定的投标截止日期之前，采用书面形式向招标人递交补充、修改或撤回其投标文件的通知。在投标截止日期以后，不能修改投标文件。投标人的补充、修改或撤回通知，应按招标文件中投标须知的规定编制、密封、加写标志和递交，并在内层包封标明"补充"、"修改"或"撤回"字样。补充、修改的内容为投标文件的组成部分。根据投标须知的规定，在投标截止时间与招标文件中规定的投标有效期终止日之间的这段时间内，投标人不能撤回投标文件，否则其投标保证金将不予退还。

投标人递交投标文件不宜太早，一般在招标文件规定的截止日期前一两天内密封送交指定地点比较好。在实际投标过程中，一些企业标书送达时间都在规定截止时间前一小时左右，甚至更迟，以不超时为准。

第三步，开标。标书送达截止日期后，即进入开标阶段。

开标由招标人主持，邀请所有的投标人和评标委员会的全体人员参加，招投标管理机构负责监督，大中型项目也可以请公证机关进行公证。

相关知识：开标

1. 开标的时间和地点

开标时间应当为招标文件规定的投标截止时间的同一时间，开标地点通常为工程所在地的建设工程交易中心。开标时间和地点应在招标文件中明确规定。

2. 开标会议程序

1）投标人签到。签到记录是投标人是否出席开标会议的证明。

2）招标人主持开标会议。主持人介绍参加开标会议的单位、人员及工程项目的有关情况；宣布开标人员名单、招标文件规定的评标定标办法和标底。

3. 开标

（1）检验各标书的密封情况

由投标人或其推选的代表检查各标书的密封情况，也可以由公证人员检查并公证。

（2）唱标

经检验确认各标书的密封无异常情况后，按投递标书的先后顺序，当众拆封投标文件，宣读投标人名称、投标价格和标书的其他主要内容。投标截止时间前收到的所有投标文件都应当众予以拆封和宣读。

（3）开标过程记录

开标过程应当做好记录，并存档备查。投标人也应做好记录，以收集竞争对手的信息资料。

（4）宣布无效的投标文件

开标时，发现有下列情形之一的投标文件时，应当场宣布其为无效投标文件，不得进入评标：

1）投标文件未按照招标文件的要求予以密封或逾期送达的。

2）投标函未加盖投标人的公章及法定代表人印章或委托代理人印章的，或者法定代表人的委托代理人没有合法有效的委托书（原件）。

3）投标文件的关键内容字迹模糊、无法辨认的。

4）投标人未按照招标文件的要求提供投标担保或没有参加开标会议的。

5）组成联合体投标，但投标文件未附联合体各方共同投标协议的。

第四步，评标。开标后经初步审查，符合评标要求的投标标书进入评标阶段。

1）招标人依法组建评标委员会。

2）做好评标的准备工作。

① 认真研究招标文件，熟悉招标文件中的内容。

② 招标人向评标委员会提供评标所需的重要信息和数据。

3）初步评审。初步评审即投标文件的符合性鉴定，将投标文件分为响应性投标和非响应性投标两大类。响应性投标可以进入详细评标，而非响应性投标则淘汰出局。

4）详细评审。经初步评审合格的投标文件，评标委员会应当根据招标文件规定的评标标准和办法，对其技术部分和商务部分作进一步的评审、比较，即详细评审。详细评审的方法有经评审的最低投标价法、综合评估法和法律法规规定的其他方法。

相关知识：详细评审

1. 经评审的最低投标价法

采用经评审的最低投标价法评标时，评标委员会将推荐满足下述条件的投标人为中标候选人：

1）能够满足招标文件的实质性要求，即中标人的投标应当符合招标文件规定的技术要求和标准。

2）经评审的投标价最低的投标。评标委员会应当根据招标文件规定的评标价格调整方法，对所有投标人的投标报价以及投标文件的商务部分作调整，确定每一投标文件的经评审的投标价。但对技术标无须进行价格折算。

经评审的最低投标价法一般适用于具有通用技术性能标准的招标项目，或者是招标人对技术性能没有特殊要求的招标项目。采用经评审的最低投标价法评审完成后，评标委员会应当填制"标价比较表"、编写书面的评标报告，提交给招标人定标。"标价比较表"应载明投标人的投标报价、对商务偏差的价格调整和说明、经评审的最终投标价。

2. 综合评估法

综合评估法适用于不宜采用经评审的最低投标价法进行评标的招标项目。具体要点如下：

1）综合评估法推荐中标候选人的原则。综合评估法推荐能够最大限度地满足招标文件中规定的各项综合评价标准的投标，作为中标候选人。

2）使各投标文件具有可比性。综合评估法是通过量化各投标文件对招标要求的满足程序进行评标和选定中标候选人的。评标委员会对各个评审因素进行量化时，应当将量化指标建立在同一基础或同一标准上，使各投标文件具有可比性。评标中需量化的因素及其权重应当在招标文件中明确规定。

3）衡量各投标满足招标要求的程度。综合评估法采用将技术指标折算为货币或者综合评分的方法，分别对技术部分和商务部分进行量化的评审，然后将每一投标文件两部分的量化结果，按照招标文件明确规定的计权方法进行加权，算出每一投标的综合评估价或者综合评估分，并确定中标候选人名单。

4）综合评估比较表。运用综合评估法完成评标后，评标委员会应当拟定一份综合评估比较表，连同书面的评标报告提交给招标人。综合评估比较表应当载明投标人的投标报价、所作的任何修正、对商务偏差的调整、对技术偏差的调整、对各评审因素的评估和对每一投标的最终评审结果。

5）备选标的评审。招标文件允许投标人投备选标的，评标委员会可以对中标人的备选标进行评审，并决定是否采纳。不符合中标条件的投标人的备选标不予考虑。

6）划分有多个单项合同的招标项目的评审。对于此类招标项目，招标文件允许投标人为获得整个项目合同而提出优惠的，评标委员会可以对投标人提出的优惠进行审查，并决定是否将招标项目作为一个整体合同授予中标人。整体合同中标人的投标应当是最有利于招标人的投标。

5）评标报告。评标委员会完成评标后，应当向招标人提出书面评标报告。

① 评标报告的内容。评标报告应如实记载以下内容：基本情况和数据表、评标委员会成员名单、开标记录、符合要求的投标一览表、废标情况说明、评标标准、评标方法或者评标因素一览表、经评审的价格或者评分比较一览表、经评审的投标人排序、推荐的中标候选人名单与签订合同前要处理的事宜，以及澄清、说明、补正事项纪要。

② 中标候选人人数。评标委员会推荐的中标候选人应当限定在 1～3 人，并标明排列顺序。

③ 评标报告由评标委员会全体成员签字。评标委员会应当对下列情况做出书面说明并记录在案。

对评标结论有异议的评标委员会成员，可以以书面方式阐述其不同意见和理由。

评标委员会成员拒绝在评标报告上签字且不陈述其不同意见和理由的，视为同意评标结论。

第五步，决标。

决标又称定标，即在评标完成后确定中标人，是业主对满意的合同要约人做出承诺的法律行为。

（1）招标人应当在投标有效期内定标

投标有效期是招标文件规定的从投标截止日起至中标人公布日止的期限。一般不能延长，因为它是确定投标保证金有效期的依据。如遇特殊情况确需延长的，应当办理或进行以下手续和工作：

- 报招投标主管部门备案，延长投标有效期。
- 取得投标人的同意。招标人应当向投标人书面提出延长要求，投标人应作书面答复。投标人不同意延长投标有效期的，视为投标截止前的撤回投标，招标人应当退回其投标保证金。同意延长投标有效期的投标人，不得因此修改投标文件，而应相应延长投标保证金的有效期。
- 除不可抗力原因外，因延长投标有效期造成投标人损失的，招标人应当给予补偿。

（2）定标方式

定标时，应当由业主行使决策权。定标的方式如下：

1）业主自己确定中标人。招标人根据评标委员会提出的书面评标报告，在中标候选人的推荐名单中确定中标人。

2）业主委托评标委员会确定中标人。招标人也可以通过授权委托评标委员会直接确定中标人。

（3）定标的原则

中标人的投标应当符合下列二原则之一：

- 中标人的投标，能够最大限度地满足招标文件规定的各项综合评价标准。
- 中标人的投标，能够满足招标文件的实质性要求，并且经评审的投标价格最低，但是低于成本的投标价格除外。

（4）优先确定排名第一的中标候选人为中标人

使用国有资金投资或者国家融资的项目，招标人应当确定排名第一的中标候选人为中标人。排名第一的中标候选人放弃中标，或者因不可抗力提出不能履行合同，或者招标文件规定应当提交履约保证金而在规定期限内未能提交的，招标人可以确定排名第二的中标候选人为中标人；排名第二的中标候选人因同类原因不能签订合同的，招标人可以确定排名第三的中标候选人为中标人。

（5）提交招投标情况书面报告及发出中标通知书

招标人应当自确定中标人之日起15日内，向工程所在地县级以上建设行政主管部门提出招投标情况的书面报告。招投标情况书面报告的内容包括如下方面：

1）招投标基本情况。包括招标范围、招标方式、资格审查、开标评标过程、定标方式及定标的理由等。

2）相关的文件资料。招标公告或投标邀请书、投标报名表、资格预审文件、招标文件、评标报告、标底（可以不设）、中标人的投标文件等。委托代理招标的应附招标代理委托合同。

建设行政主管部门自收到书面报告之日起5日内未通知招标人在招标活动中有违法行为的，招标人可以向中标人发出中标通知书，并将中标结果通知所有未中标的投标人。

（6）退回招标文件的押金

公布中标结果后，未中标的投标人应当在公布中标通知书后的七天内退回招标文件和相关的图纸资料，同时招标人应当退回未中标投标人的投标文件和发放招标文件时收取的押金。

巩固训练

结合本地区的实际情况收集多套招标文件，熟练分析招标文件内容，按照标书评标要求进行包装，并在规定的时间组织评标委员会进行有无效标的评审，并根据标书包装与投递情况进行评价考核。进一步提高学习者的时间观念与责任意识。

知识拓展

■ 投标过程中有关问题的规定

1）投标单位对招标文件有疑问，可在开标前向招标单位询问；但未经招标单位允许，投标单位无权变动或修改招标文件。

2）投标单位可以根据实际情况提出补充项目及有关费用。

3）投标单位对招标文件的某一部分有不同意见时，应写成函件，作为投标文件一个组成部分。

4）招标单位对于工程量清单中的差错而引起的投标计算错误，一般不承担任何责任，投标单位不得据此索赔。

5）投标单位必须认真全面填写招标文件中的附件各档空白，如投标者只填写部分或填写不清楚，即等于放弃投标，招标单位可视为废标。

6）投标单位接到资格审查通知书后，应向招标单位提交由银行或保险公司提供的签约保证，保证金额通常按工程造价的一定比例计算。银行或保险公司收到投标单位保函申请，必须代为保密。尤其是当招标单位要求投标单位按标价百分比开投标保函时，从保函金额即可推算出该投标者标价。标价在投标、开标前是绝对保密的。

7）投标费用一般由投标单位自行负担。参加投标单位在承揽一个较大的招标项目时，为了中标往往不惜花费巨款，而有经验的承包单位，总是有限制地投标，从不鲁莽行事，只有中标率在20％至30％时，才参加投标。中标率的计算，如果一个项目有5％的净利润，而投标花费（包括调研费、旅费、购买标书、押金等）为项目造价的1％时，即至少1/5（即20％）的中标希望。

递交投标书之后，投标单位应密切关注开标的信息，准备参加开标和评标咨询活动。这项工作也是十分重要的。

■ 关于电子招标投标的说明

当项目为远程不见面开标时，投标人须在网上签到、电子投标文件解密、在线参与开标室现场直播。投标人可至项目评标所在区域公共资源交易不见面开标系统，下载并仔细阅读公共资源交易通用版不见面开标子系统操作手册，做好以下工作。

（1）网上签到

投标人应在投标截止时间之前使用数字证书（CA）自行登录项目评标所在区域公共资源交易不见面开标系统，在线等待开标，并在"今日开标"项目中选择本项目并单击进入开标室进行签到，签到截止时间为投标截止时间。

（2）招标人公布投标人数量

至投标截止时间，若投标单位数量少于3家，招标人公布投标单位名称，宣布本次招标失败，结束开标；投标单位数量大于等于3家，才可进入投标人解密投标文件环节。

（3）投标文件的解密

招标人通过不见面开标系统启动投标文件解密指令，投标人应使用生成投标文件的数字证书（CA）在线解密投标文件，投标人须在指令发出后45分钟内完成解密。明确因招标人或系统原因，导致无法按时完成投标文件解密或开标、评标工作无法进行的，可根据实际情况相应延迟解密时间或调整开标、评标时间。除因招标人或系统原因导致无法按时完成投标文件解密的，均视为投标人撤回其投标文件。解密时间结束，若成功解密的投标文件少于3个，招标人公布已解密的投标单位名称，宣布本次招标失败，结束开标。

（4）线上开标

投标人通过项目评标所在区域公共资源交易不见面开标系统在线参与开标室现场直播过程，无须另行委派代表抵达开标现场。投标人对开标有异议的，应当通过开标交流群窗口提出，招标人借助开标交流群窗口当场作出答复。评标委员会认为需要投标人作

出必要澄清、说明的，应通过开标交流窗口通知该投标人。

（5）抽取相关系数

由招标人在开标现场进行抽球，抽取过程采用直播形式。

（6）对投标人参与远程开标的要求

开标期间，招标人或其委托的招标代理机构、投标人等交易主体应使用数字证书（CA）在各自的计算机终端登录不见面开标系统，并进行相关操作，该操作均被视为交易主体的行为，并自行承担相应的法律责任。投标人不得以不承认交互人员的资格或身份等为借口推脱。

（7）温馨提示

1）为保证电子投标文件的顺利上传，投标人应在投标截止时间前适时提前上传电子投标文件，避免因网络原因引起上传失败或上传时间超出投标截止时间等情况。

2）投标人须按照《××××区公共资源交易通用版不见面开标子系统操作手册（投标单位篇）》提前准备好相关软硬件设施，因投标人自身软硬件设施不匹配导致的解密失败或其他后果，由投标人自行承担责任。

3）本招标文件所指××网络（不见面）投标工具可至××软件有限公司官网直接下载使用。

4）投标文件工具及标书上传，请联系24小时服务电话 4000-1××-166（日间服务转7；夜间18:30至次日9:00服务转3或陈工 0574-×××7966/7975；交易证及CA锁办理，请联系杨工 0574-×××7575；不见面系统，请咨询 QQ850××××22/303×××024、电话 574-×××7290/7975）。

自我评价

评价项目	技术要求	分值	评分细则	评分记录
招标文件对投标标书内容规定的理解	研读招标文件要求，能整理出投标标书的内容并列出编制清单 能根据评标要求归纳出投标标书重点核心内容 明确工程量清单报价表格要求	20	读完招标文件后不能整理出投标标书思路计划者扣3～5分 编制标书过程前不能根据评标要求制定投标标书编制清单者扣3～5分 标书编制思路不清、重点不明确者扣5～10分	
现场考察为技术标编制准备的条件	能结合现场考察情况分析工程投标标书内容 会将现场情况与投标书施工方案相结合进行编制标书 会结合招标文件要求进行现场考察	30	现场考察目的不明确者扣5～10分 现场考察过程中不能将现场实际情况与招标文件内容结合起来进行现场信息记录者扣5～10分 现场考察信息收集不全面，不能及时做好信息整理工作者扣5～10分	
根据招标文件内容与格式要求编制投标文件	明确招标文件对投标标书内容的规定，会填写投标函部分内容 会根据技术标要求编制技术标 会结合工程量清单编制投标商务标	30	投标函内容填写不符合要求者扣5～10分 技术标编制内容不全或技术标关键内容与投标文件不响应者扣5～10分 不能针对工程量清单与工程施工工艺进行合理组价者扣5～10分	
投标标书关键内容的审查	会根据评标要求审查技术标内容 会审查商务标格式与要求 会整体审核投标标书内容，排版与格式符合评标要求	20	技术标审核过程中出现明显错误者扣3～5分 商务标格式与要求审核不符合要求者扣3～5分 在审核过程中未能发现投标标书存在不符合要求者，每存在一处扣5～10分	

项目**2**

园林工程预算编制

项目目标☞

知识目标

1. 能准确理解预算定额表格的组成及各组成部分间的关系。
2. 能准确理解园林工程项目划分的要求以及预算定额间的对应关系。
3. 能充分理解各项目工程量计算的规则。
4. 能掌握园林绿化工程预算的依据与程序。
5. 能理解园林工程各项费用的组成及相互关系。

能力目标

1. 能熟练使用园林绿化工程预算定额进行预算定额套用与换算。
2. 会使用预算定额进行园林工程项目的划分。
3. 能准确计算园林绿化工程工程量。
4. 能准确计算园林景观工程工程量。
5. 能进行园林绿化工程预算编制。
6. 能编制园林景观工程（园路铺装、小型砌体等）预算。

🌲工作任务

1. 根据招标文件提供的园林景观工程施工图，熟练进行园林工程图识图。
2. 根据图中内容进行园林预算定额的使用，找到相匹配的定额。
3. 读懂园林工程图，结合图纸完整地划分园林工程项目。
4. 根据招标文件提供的园林景观工程施工图，编制园林绿化工程预算。
5. 根据招标文件提供的园林景观工程施工图，编制园路工程预算以及园林小景观工程预算。
6. 根据招标文件提供的园林景观工程施工图编制典型园林庭院景观工程造价。

任务 2.1 园林工程施工图识图

【学习目标】

1. 掌握园林工程图的组成与索引关系；能熟练排列出园林工程图图纸的装订顺序。
2. 理解园林工程图的比例关系。
3. 明确园林工程图的施工工艺；能读懂园林工程施工图纸，会根据图纸内容进行项目划分。

【任务分析】

该任务主要目的是进一步巩固园林绿化景观工程图的内容；重温园林工程图制图与识图知识；明确园林工程图图纸的组成；理解各种图纸间的相互关系；能结合园林绿化景观工程设计要求进行识图。

【思政融入提示】

图纸是工程设计理想到现实成果的指挥棒，图纸内容是施工过程中人工、材料、机械台班用量的依据。因图纸识读与分析不清晰，直接导致工程人工、材料、机械台班数量不准确，必然严重影响工程施工质量，以及造成经济损失。通过专门结合预算项目的识图训练，提高学生产品质量意识和责任意识，让学生领悟质量强国、品牌强国等国家战略。

根据招标文件提供的资料，"湘甬无二"公园景观工程施工图纸（登录 http://www.abook.cn 网站，搜索本书，下载使用），包含总平面图部分和详图部分。该工程招标内容包括园林景观工程和园林绿化工程。编制园林工程预算是工程投标的重要内容，编制预算的关键是工程量和单价。工程量的计算来自园林工程图纸，因此编制投标文件前首先应该明确图纸内容，要求能看懂园林工程图纸内容，具体学习思路如图 2-1 所示。

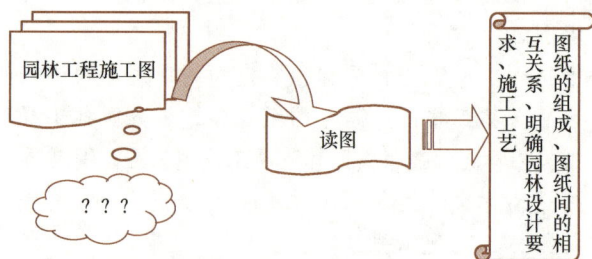

图 2-1 识图学习思路

工作步骤

园林工程施工图识图的具体步骤如下：

第一步，查看全部图纸内容，掌握整个园林工程图识图过程（图 2-2）。

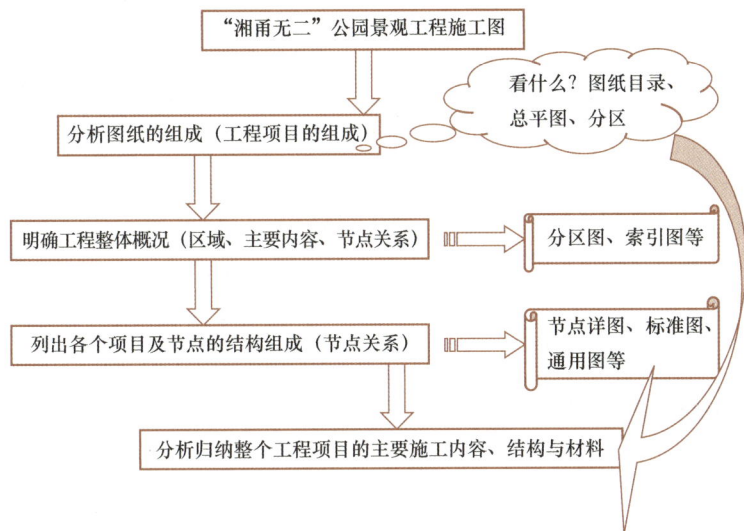

图 2-2　园林工程图识图过程

第二步，识读园林工程总平面、平面、立面、剖面施工图。

（1）园林工程施工总平面图

1）用途：了解整体环境的构成，明确各个区域的划分，掌握总图与分图间的关系。

2）基本内容：索引图、总平面图、竖向设计图、植物配置图等。

3）看图要点：把握全局，明确分区，抓住关键；掌握园林制图中的基本制图规范，明确制图符号的含义；学会熟练掌握总图中的设计说明内容。

（2）园林工程施工图的平面、立面图（图 2-3）

1）平面图：平面尺寸、材料、平面关系。

2）立面图：厚度与高度、材料、结构、立面关系。

（3）学看剖面图与剖面图的形成

掌握剖面结构，明确结构的尺寸与材料，熟悉施工工艺。园林工程项目的确定主要依据剖面图的材料结构进行划分，工程量的计算由平面图尺寸和剖面图的尺寸共同计算完成。

第三步，学看各类园林景观施工图。

平面图、立面图、剖面图结合起来进行识图，掌握不同景观的具体尺寸与材料要求，分析不同景观工程的施工工艺要求。

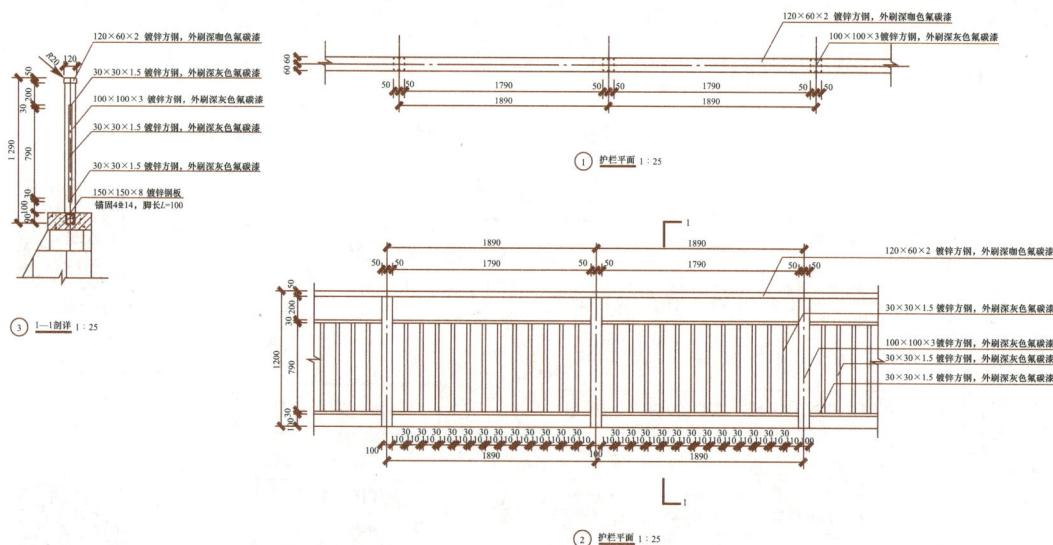

图 2-3 "湘甬无二"公园景观工程施工图——栏杆的平、立、剖面图

第四步，学看园林景观工程基础图，基础的类型与构造。

1）基础的类型分析：①条形砖基础；②独立砖柱基础；③板式基础。

条形砖基础、毛石基础工程量按断面面积乘以长度计算。

独立砖柱基础工程量按柱身体积加上四边大放脚体积计算，砖柱基础工程量并入砖柱计算。

大放脚：在基础与垫层之间做成阶梯形的砌体，称作大放脚。大放脚的断面形式和砌法，可以每两皮砖高放出 1/4 砖；也可以每两皮砖高放出 1/4 砖与每一皮砖高放出 1/4 砖相隔，前者称为等高式大放脚，后者称为间隔式大放脚。

2）基础的施工方法分析。

第五步，学看园路施工图（图 2-4）。

1）平面图：明确园路的具体尺寸，分析清楚不同园路的铺装材料。

2）剖面图：明确园路基础的不同做法，掌握不同基础层的材料与尺寸要求。

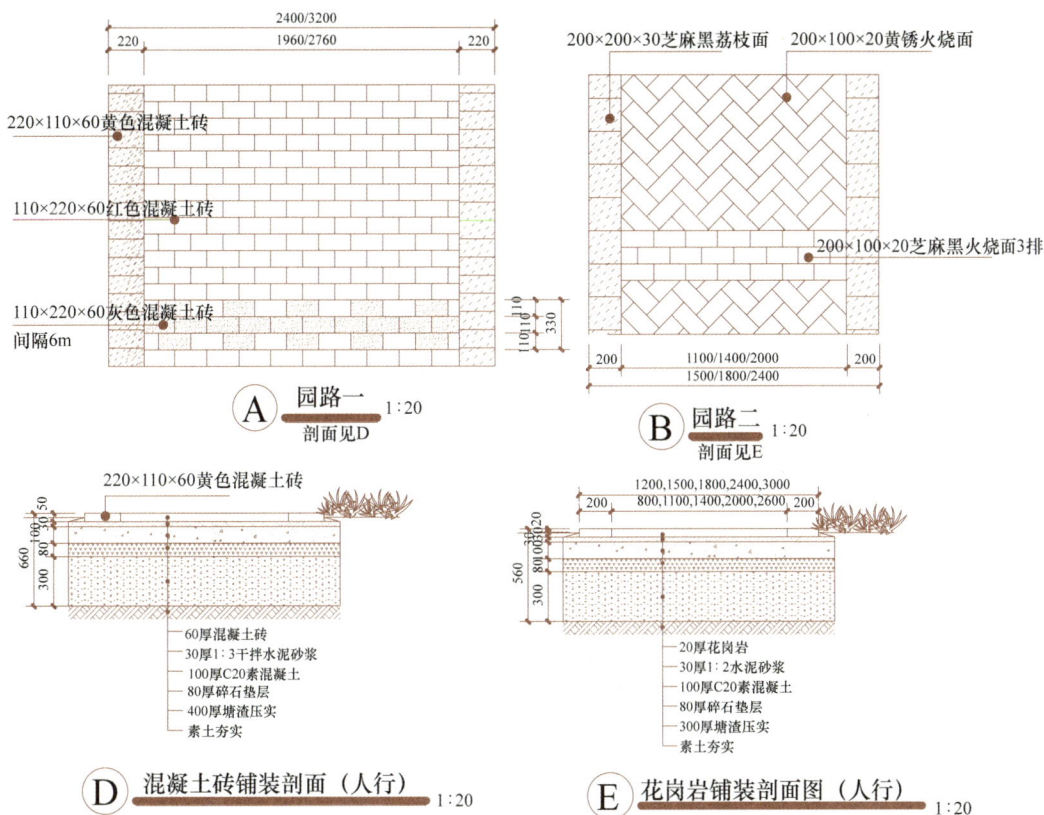

图 2-4　"湘甬无二"公园通用园路铺装施工图

第六步，总结归纳出看图的要求，全面掌握图纸内容（图 2-5）。

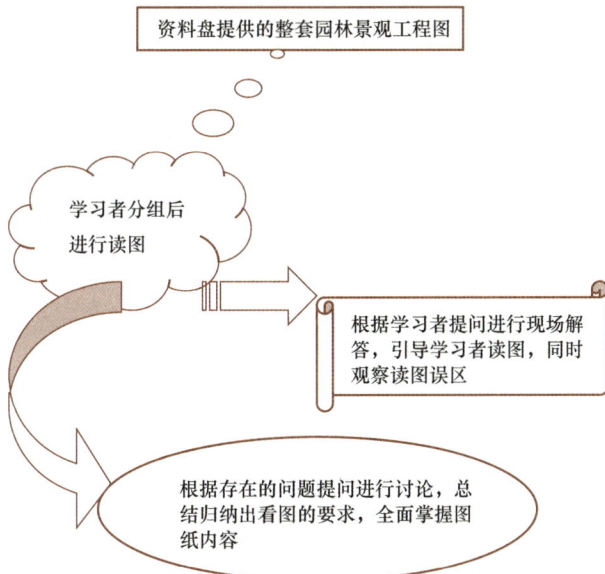

图 2-5　图纸识读指导程序

巩固训练

1. 训练要求

结合当地园林工程招标项目提供的园林景观工程施工图，掌握看图的程序，明确图纸间的相互关系，熟练掌握园林工程图各组成部分的结构、材料、尺寸关系，做到图纸各部分在头脑中留下印象，到现场无须用图也能明确各区位间的关系。

2. 训练内容

1）总平面图的识图，索引图的运用。
2）根据索引图的内容，整理出分区图纸间的关系。
3）熟练掌握工程图纸的结构、材料、尺寸关系。
4）图纸编号的运用，明确详图符号的意义。

3. 训练步骤

训练步骤如图 2-6 所示。

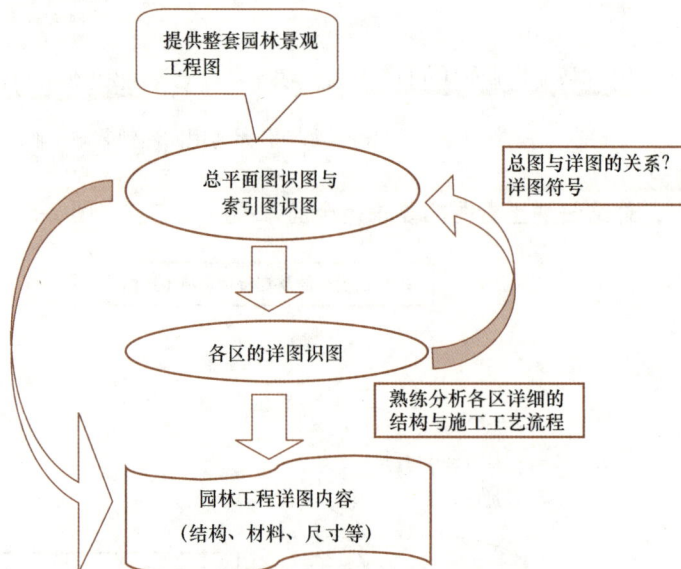

图 2-6　图纸识读训练步骤

知识拓展

■园林工程的内容

园林工程施工图是由山水地形、植被、建筑、道路及广场等造园要素组合形成的。园林工程内容见表 2-1。

表 2-1 园林工程的内容

园林工程	土方工程	土方的挖、运、填、压
	水景工程	小型水闸、驳岸、护坡和水池工程、喷泉等
	园路与铺装工程	园路的线形设计、园路的铺装、园路的施工、广场铺装等
	假山工程	假山和置石
	绿化工程	乔灌木种植工程、大树移植、草坪工程
	园林给排水工程	园林给水工程、园林排水工程
	园林供电与照明	园林供电、景观照明、庭院照明等

在园林建设中，常用的建筑材料有钢材、水泥、木材、装饰材料和砖、砂浆等，在编制园林工程招投标文件与预决算中要掌握这些常用材料的基础知识。

(1) 钢材

1) 钢材的类型。建筑钢材是指用于钢结构的各种型材（如圆钢、角钢、槽钢、工字钢、扁钢等）、钢板、钢管和用于钢筋混凝土中的各种钢筋、钢丝等。应用得最多的就是钢筋（图 2-7 和图 2-8）。

图 2-7 螺纹钢 HRB335（Ⅱ级钢）

图 2-8 ϕ6.5mm 圆钢（Ⅰ级钢）

钢筋主要用于制作钢筋混凝土构件。常用钢筋的品种很多。按钢种分，有普通碳素钢和普通低合金钢。按直径分，凡直径在 5～6mm 之间的称为钢筋；直径在 2.5～5mm 之间的称为钢丝。按外形分，有光面圆钢筋和变形钢筋（两条纵肋和不小于 45°相交的月牙横肋于两个半圆面上）之分。按加工过程分，有热轧钢筋、冷轧钢筋、冷拔低碳钢丝、碳素钢丝和刻痕钢丝等。

2) 钢材的规格与换算。详见表 2-2。

表 2-2　钢材的规格表示及理论重量换算公式

名称	横断面形状及标注方法	各部分名称及代号	规格表示方法/mm	理论重量换算公式
圆钢、钢丝		d——直径	直径 例：$\phi 25$	$W=0.006\ 17\times d^2$
方钢		a——边宽	边长 例：502 或 50×50	$W=0.007\ 85\times a^2$
六角钢		a——对边距离	对边距离 例：25	$W=0.0068\times a^2$
六角中空钢		d——芯孔直径 D——内切圆直径	内切圆直径 例：25	$W=0.0068D^2-0.006\ 17\times d^2$
扁钢		δ——厚度 b——宽度	厚度×宽度 例：6×20	$W=0.007\ 85\times b\times \delta$
钢板		δ——厚度 b——宽度	厚度或厚度×宽度×长度 例：9 或 $9\times 1400\times 1800$	$W=7.85\times \delta$
工字钢		h——高度 b——腿宽 d——腰厚 N——型号	高度×腿宽×腰厚或以型号表示 例：$100\times 68\times 4.5$ 或 $\sharp 10$	a. $W=0.007\ 85\times d[h+3.34(b-d)]$ b. $W=0.007\ 85\times d[h+2.65(b-d)]$ c. $W=0.007\ 85\times d[h+2.26(b-d)]$
槽钢		h——高度 b——腿宽 d——腰厚 N——型号	高度×腿宽×腰厚或以型号表示 例：$100\times 48\times 5.3$ 或 $\sharp 10$	a. $W=0.007\ 85\times d[h+3.26(b-d)]$ b. $W=0.007\ 85\times d[h+2.44(b-d)]$ c. $W=0.007\ 85\times d[h+2.24(b-d)]$
等边角钢		b——边宽 d——边厚	边宽^2×边厚 例：$75^2\times 10$ 或 $75\times 75\times 10$	$W=0.007\ 95\times d(2b-d)$

续表

名称	横断面形状及标注方法	各部分名称及代号	规格表示方法/mm	理论重量换算公式
不等边角钢	$B×b×d$	B——长边宽度 b——短边宽度 d——边厚	长边宽度×短边宽度×边厚 例：$100×75×10$	$W=0.007\,95×d(B+b-d)$
无缝钢管或电焊钢管	D，t	D——外径 t——壁厚	外径×壁厚×长度—钢号或外径×壁厚 例：$102×4×700$—#20 或 $102×4$	$W=0.024\,66×t×(D-t)$

注：1) 钢的密度为 7.85g/cm^3。
　　2) W 为每米长度（钢板公式中是指每平方米）的理论重量（kg）。
　　3) 螺纹钢筋的规格以计算直径表示，预应力混凝土用钢绞线以公称直径表示，水、煤气输送钢管及电线套管以公称口径表示。

（2）水泥

我国目前使用的水泥主要有硅酸盐水泥、普通硅酸盐水泥、砂渣硅酸盐水泥、火山灰质硅酸盐水泥和粉煤灰硅酸盐水泥。在一些特殊工程中还使用特殊水泥，如白色和彩色硅酸盐水泥。它们主要用于标准较高的装饰工程及园林工程，如以各种大理石、花岗石碎屑作骨料配成水刷石、水磨石、人造大理石等建筑物的饰面，园林中的塑石、塑竹等。

水泥加入适量的水调成水泥浆后，经过一定时间，由于本身的物理、化学变化，会逐渐变稠，失去塑性，这一过程称为初凝；开始具有强度时称为终凝。终凝后强度逐渐提高。水泥颗粒与水接触发生化学反应，称为水化。一般水泥在开始的 3～7 天内，水化、凝结硬化速度快，所以强度增长较快，大致 28 天可基本完成水化、凝结硬化过程，以后显著减缓，强度增长也极为缓慢。

水泥的强度是一项重要的技术指标，它是确定水泥标号的依据。按标准规定，水泥

强度的测定，采用软练法测定，即将水泥和标准砂按 1：2.5 的比例混合，加入规定数量的水，并按规定的方法制成 40mm×40mm×160mm 的试件，在标准温度（20±2）℃的水中养护，测定其 3 天、7 天、28 天龄期的抗折和抗压强度。

混凝土是由胶凝材料、水、粗细集料以及必要时加入的化学外加剂和矿物掺和料按适当的比例配合，拌制成混合物，经一定时间后硬化而成的人造石材。

（3）木材

木材用于建筑工程有悠久历史，目前仍是重要的建筑材料。木材包括原材和成材，原材包括原条和原木。原条是只去其树枝而未按一定尺寸做成规定材种的伐倒木，如脚手架等；原木是指树木在去枝去皮后按一定的长短切取的木料，如屋架、柱、梁、木桩等。成材又称锯材，包括板材、枋材、枕木等。按横切面宽与厚的比例，宽为厚的 3 倍或 3 倍以上的成材称板材，宽不足厚的 3 倍的称枋材。

（4）常用的园路铺装材料

常用的园路铺装材料见图 2-9。

图 2-9 常用的园路铺装材料

相关链接

http://www.dushu.com/book/11901830/园林工程识图
http://bbs.444.com.cn（疯狂园林人论坛）

自我评价

评价项目	技术要求	分值	评分细则	评分记录
总平面图的运用	了解总图的组成 明确总图的用途 掌握总索引图的内容	20	总图内容齐全者扣 5～10 分 不能说出各总图的用途者扣 5～10 分	
各分区详图的识图	分区详图的组成 分区详图的主要内容 分区详图与总图的对应关系	20	不能找全相关详图扣 5 分 详图与总图关系不熟练扣 1～10 分	
园林工程详图内容的掌握（结构、材料、尺寸等）	根据结构掌握施工工艺流程 根据材料和尺寸明确工程施工差异	30	结构分析不完整，每项扣 3～5 分 结构尺寸对应关系分析有误者，扣 3～5 分	
总图与详图，平面图与立面、剖面图，详图与详图等关系的掌握	掌握图之间的相互关系	30	凡图纸查找不明确，扣 3～5 分 图纸对应关系不明确者，扣 5～10 分	

任务2.2　园林绿化工程预算定额的使用

【学习目标】

1. 能根据园林工程招标文件要求，收集相应的园林工程预算定额；熟练掌握园林工程预算定额的项目划分与章节安排。
2. 理解园林工程预算定额的组成，掌握定额项目表的相互关系；能根据识读园林工程施工图纸列出的工程项目，结合园林绿化工程预算定额内容，找到与之相匹配的园林工程预算定额项目。
3. 正确把握园林工程图内容与园林工程预算定额项目的对应关系；会根据任务2.1列出的项目查找对应的预算定额，并能分析出各定额的人、材、机等组成部分的关系。
4. 能正确理解园林工程定预算定额的各项目的工作内容。
5. 会使用不同地区的园林工程预算定额，并能够收集当地使用的具体要求。

【任务分析】

本任务主要是明确图纸内容与定额的关系，掌握园林绿化工程预算定额的使用（图2-10）。

首先根据读图列出的工程项目进行园林工程预算定额的套用练习，掌握园林绿化工程预算定额的使用方法；在此基础上，明确园林工程预算定额有什么用途，理解预算定额的组成部分及其相互关系。

本任务主要通过定额的学习，明确定额内容与园林工程项目的关系，明确定额的内容结构关系，真正理解定额各章节的关系；定额的使用要求是操作程序规范的基础，初学时应严格按照要求进行操作。

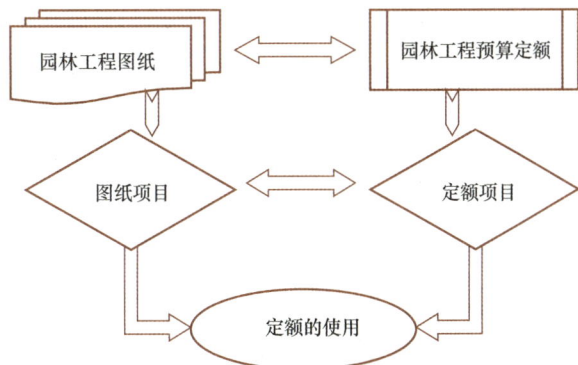

熟练使用园林
工程预算定额
（微课）

图2-10　定额使用任务分析图

【思政融入提示】

　　定额是广大群众实践的结果，是用科学的方法总结经验综合制定的，是经国家或授权单位颁发的。因此，在使用定额过程中，每一步都要严格按要求执行。在定额套用过程中，要将施工规范和定额标准紧密结合，要突出学习者的法治意识、规矩意识和群众实践意识的培养，强化守正、守法、守信精神。

基础知识

1. 园林工程预算定额的概念与定额的三大特性

　　定额是指在一定的生产技术条件下，生产单位或生产者进行生产活动时，在生产的数量、质量和人、财消耗方面所遵守和达到的数量标准；即在建筑生产中，为了完成建筑产品所消耗一定的人工、材料和机械台班的数额。

　　定额一般具有以下三大特点：

　　1）科学性。定额是实事求是地用科学方法，总结经验，根据技术测定和统计、分析、综合而制定的，能反映产品上劳动消耗的客观需要量；定额包括了一般设计施工情况下所需的全部工序、内容和人工、材料、机械台班的数量；定额体现了已推广的新结构、新材料、新技术和新方法；定额体现了正常条件下能达到的平均先进水平；定额能正确反映当前生产力水平的单位产品所需的生产消耗量。

　　2）法令性。经国家或授权单位颁发的定额，具有法令的性质。在属于规定范围内的任何单位，都必须认真贯彻执行。执行定额要加强政策观念，不得任意修改。定额的管理部门应对定额使用单位进行严格的监督，保证和维护定额的法令性。

　　3）实践性（群众性）。定额是广大群众实践结果。定额要依靠广大群众贯彻执行，并通过广大群众的生产施工活动，进一步提高定额水平；对一些设计与施工中变化多、影响造价较大的重要因素可根据实践活动来调整换算。

　　总之，定额的科学性是定额法令性的客观依据，定额的法令性是定额得以正确执行的重要保证，定额的实践性（群众性）则是定额科学性和法令性的基础。

2. 定额的分类与作用

　　（1）工程定额的分类

　　由于使用对象和目的不同，定额有很多种类。对各种定额从不同内容、用途、使用范围等加以分类，如图 2-11 所示。

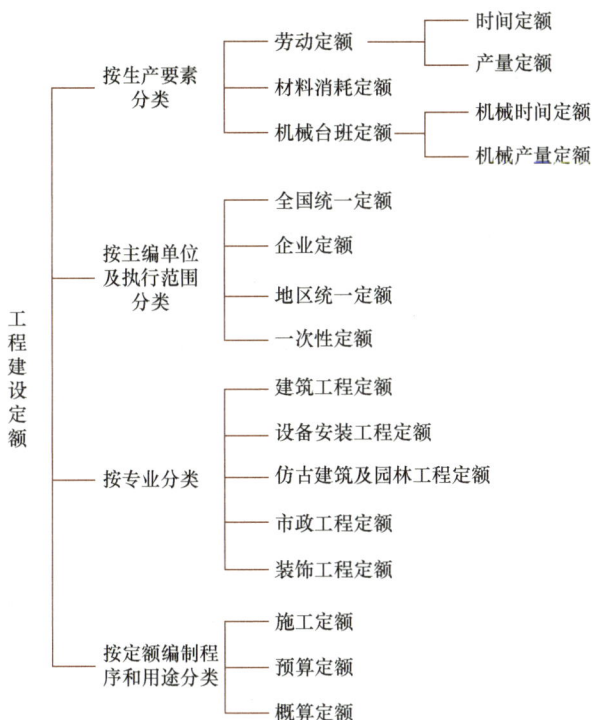

工程建设定额
- 按生产要素分类
  - 劳动定额
    - 时间定额
    - 产量定额
  - 材料消耗定额
  - 机械台班定额
    - 机械时间定额
    - 机械产量定额
- 按主编单位及执行范围分类
  - 全国统一定额
  - 企业定额
  - 地区统一定额
  - 一次性定额
- 按专业分类
  - 建筑工程定额
  - 设备安装工程定额
  - 仿古建筑及园林工程定额
  - 市政工程定额
  - 装饰工程定额
- 按定额编制程序和用途分类
  - 施工定额
  - 预算定额
  - 概算定额

图 2-11　工程建设定额的分类

（2）工程预算定额的作用

预算定额是确定一定计量单位的分项工程的人工、材料和施工机械台班合理消耗的数量标准。

预算定额是工程建设中的一项重要的技术经济法规，它规定了施工企业和建设单位在完成施工任务时，所允许消耗的人工、材料和机械台班的数量限额；确定了国家、建设单位和施工企业之间的技术经济关系，在我国建设工程中占有十分重要地位和作用，其作用具体如下：

- 它是编制单位估价表的依据。
- 它是编制园林工程施工图预算，确定工程造价的依据。
- 在招标投标制中，它是编制招标标底的依据。
- 它是编制施工组织设计，确定劳动力、建筑材料、成品和施工机械台班需用量的依据。
- 它是拨付工程价款和进行工程竣工结算的依据。
- 它是施工企业贯彻经济核算，进行经济活动分析的依据。
- 它是设计部门对设计方案进行技术经济分析的工具。

总之，编制和执行好预算定额，充分发挥其作用，对于合理确定工程造价，推行以招标承包制为中心的经济责任制，监督基本建设投资的合理使用，促进经济核算，改善企业经营管理，降低工程成本，提高经济效益，具有十分重要的现实意义。

3. 预算定额的内容和编排形式

（1）预算定额的内容

预算定额主要由文字说明部分、定额项目表和附录等部分组成（图 2-12）。

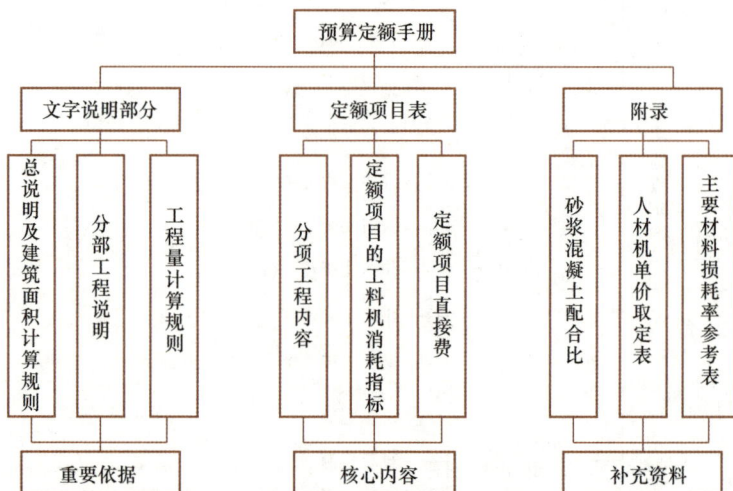

图 2-12　预算定额的内容组成

（2）预算定额项目的编排形式

园林预算定额项目编排一般按照《园林绿化工程工程量计算规范》（GB 50858—2013）的要求。进行园林绿化工程实体项目设置，包括园林绿化工程、园路及园桥工程和园林景观工程等三章。比如《浙江省园林绿化及仿古建筑工程预算定额》（2018）上册共分为十章，园林绿化部分分为三章，每章下面又分为若干节，在每节再按照工程性质、规格、材料等分成许多项目。为便于查找和使用定额，定额的章、节、项目都应有统一的编号，通常表达的方式有以下三种：

1）用章、节、项目三个号码表示，如 3-2-14。

2）用章、项目两个号码表示，如 3-14。

3）用阿拉伯数字连写表示，如 05006 表示第 5 章第 6 个项目。

《建设工程工程量清单计价规范》（GB 50500—2013）的项目编码由十二位阿拉伯数字组成。项目编码为：工程序号＋分部工程序号＋子分部工程序号＋分项工程序号＋工程量清单项目名称，如项目编码为 050102012 表示园林绿化工程（05）绿化工程（01）栽植花木（02）铺种草皮（012）。

工作步骤

1. 确定园林工程预算定额的使用方法

园林工程预算定额的使用方法如下：

1）根据园林工程预算定额共同熟悉预算定额的主要内容，并将任务 2.1 中分析出的各项目进行套定额，明确工程项目与预算定额的对应关系。

2）进一步掌握园林工程预算定额的内容，分析预算定额项目与实际工程项目的关系，掌握园林绿化工程预算定额的组成。

3）根据定额与实际项目进一步理解与分析，掌握定额各章节的前后关系，明确园林工程预算定额的作用与用途，说明定额与施工工艺的关系。

4）通过总结归纳，完整提炼出园林工程预算定额的使用方法（图 2-13）。

因为全国各省市所使用的园林定额不同，所以项目划分也有所不同，学习时请以本省市定额项目划分为准，其他省市和其他专业预算定额的使用教学中灵活引导。

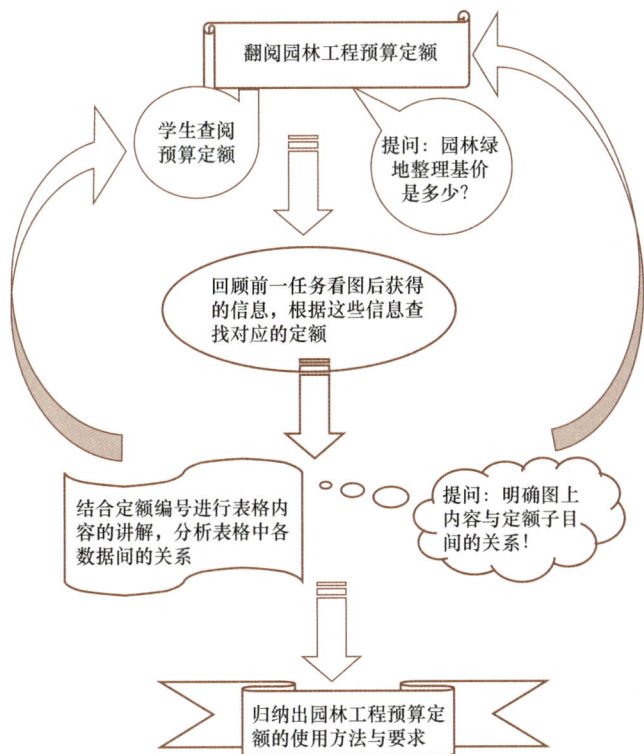

图 2-13　定额的使用

园林工程预算定额是编制园林工程施工图预算，招标标底，签订承包合同，考核工程成本，进行工程结算和拨款的主要依据。因此，正确地使用预算定额，减少或杜绝由于技术性质原因造成错用定额的现象，对提高工作质量和做好园林各企业经济管理基础工作有着十分重要的现实意义。

2. 园林绿化工程预算定额使用的具体步骤

第一步，翻阅定额，初步了解园林工程预算定额的主要组成部分。

一般情况下，预算定额主要由总说明、分册说明、定额项目表和附录四部分组成。

（1）总说明

总说明主要阐述定额的编制原则、指导思想、编制依据，同时说明编制定额时已经考虑和没有考虑的因素、使用方法及有关规定等。因此，使用定额前应首先了解和掌握总说明。

（2）分册说明

分册说明主要阐述适用范围和应用方法。

（3）定额项目表

定额项目表是预算定额的重要构成部分，一般由工作内容、计量单位、项目表和附注组成。在项目表中，人工表现形式用工日数及合计工日数表示，工资等级按总平均等级编制；材料栏目内只列重要材料消耗数量，零星材料以"其他材料"表示，凡需机械的分部分项工程应列出机械台班数量。

（4）附录

它列在预算定额的最后，包括建筑机械台班费用定额表，材料名称规格表，砂浆、混凝土配合比表等资料。

第二步，根据施工图划分的工程项目，结合预算定额，选择其匹配的预算子项目。

第三步，分析各定额子项目的工作内容与施工工艺的关系，明确预算定额的作用。

第四步，归纳总结出园林工程预算定额使用的基本要求。

在园林预算定额使用中，应该坚持以下定额使用的基本要求。

（1）严格按照预算定额编制预算

预算定额是编制工程预算的法定依据，因此，在编制预算时，必须维护定额的法令性，遵照规定和要求进行编制，不能任意修改、高估、量算。

（2）掌握定额的查阅方法

现行的定额内容很广，我们必须了解定额的内容和结构形式，熟悉分部分项定额的编排程序和规律，掌握查阅方法。

（3）正确套用定额项目和计算工程量

首先，必须认真学习好预算定额的总说明、分册说明以及分部工程说明和附录的规定，掌握定额的编制原则、适用范围、编制依据、分部工程的内容范围。其次，还应深入学习定额项目表中各栏所包括的内容，计量单位，各定额项目所代表的一种结构或构造的具体做法以及允许调整换算的范围及方法。同时，还要正确理解和熟记各分项工程量的计算规则，只有在正确理解和熟记上述内容的基础上，才能正确运用预算定额，编制好工程预算。

在园林工程中还要掌握树木花卉的品种、假山石质、叠法等知识，才能计算工程量，正确套用定额。

巩固训练

1. 训练要求

明确定额的主要内容，理解定额中数据间的相互关系，掌握定额查阅的方法与基本要求

2. 训练内容

1）根据提供的"湘甬无二"公园乔木种植施工图，列出工程项目，根据项目查找对应的园林定额编号。

2）分析定额编号为 1～45 的工作内容、计量单位、基价组成等。

3）计算起挖胸径为 20cm 的香樟 10 株所需的人工工日是多少，基价是多少。

3. 训练步骤

训练步骤见图 2-14。

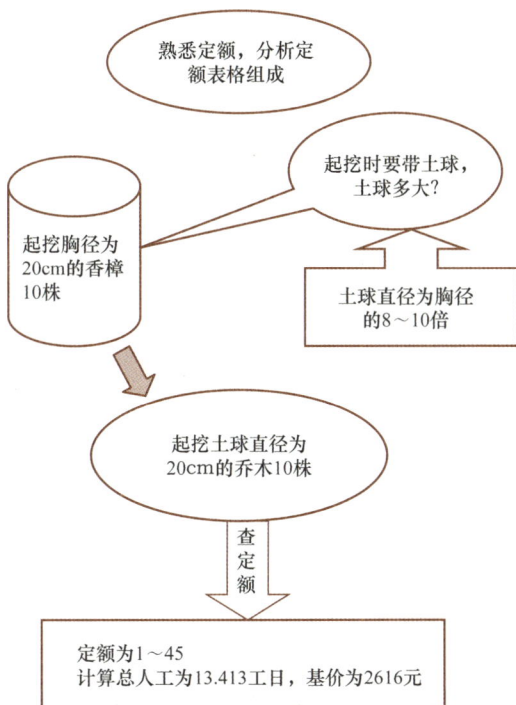

园林工程预算
定额的使用训练
（微课）

园林工程预算
定额子目的换算
（微课）

图 2-14　定额使用训练步骤

知识拓展

园林工程预算定额子目的换算

为了熟练运用定额，编制各种预算，首先对定额的使用性质、章、节和子目的划分、总说明、建筑面积的计算规则、章说明和工程量计算规则等都应通晓和熟记。对常用的分项工程定额项目表各栏所包括的内容、计量单位等，要通过日常工作实践，逐步加深印象。

在预算定额中由于定额子目的划分，设计标准要求的不同，以及受到定额篇幅的限制，采用预算定额时，有的需要按规定换算。例如，设计的材料品种规格与定额不同，或是混凝土及砂浆的设计强度等级与定额规定不同时，在套用定额时，都需要进行换算。主要有运距的换算、断面的换算、强度等级的换算、厚度的换算和其他换算等。

子目的换算和定额子目的补充计算，原则上必须按"定额三要素"精神执行。不能改变其基本工作内容，其价格的取定和计算，必须符合定额管理部门的有关规定。

（1）**运距的换算**

在预算定额中，由于受到篇幅的限制，对各种项目的运输定额，一般分为基本定额和增加定额，即超过最大运距时另行计算。如土石方工程，人工运土方基本定额最大运距为 20m，超过时另按每增加 20m 运距定额计算增加费用。

【**实例 2-1**】　人工运土方 100m³，运距 80m，计算定额直接工程费。

解　1）套定额 4-48 人工运土方，运距 20m 以内定额基价 160.25 元/10m³。

2）套定额 4-49，每增加 20m 定额基价

为 18.88 元/10m³，$(80-20)/20=3$，即增加 60m 定额基价为

$$18.88\times3=56.64 \ 元/10m^3$$

3）定额基价为

$$160.25+56.64=216.89 \ 元/10m^3$$

4）直接工程费合计

$$100\times216.89\div10=2168.90 \ 元$$

（2）**断面的换算**

预算定额中，木结构的构件断面，是根据不同设计标准，通过综合加权计算确定的，在编制工程预算过程中，设计断面与定额断面不符时，按定额规定进行换算。如果设计图所注明的断面或厚度为净料时，应增加刨光损耗，在净料基础上，板、枋材一面刨光加 3mm，两面刨光加 5mm。

【**实例 2-2**】　古式木短窗扇，万字式，设计边挺断面为 6cm×8cm，计算其定额基价？

解　1）设计边挺断面 6cm×8cm 为净料，加刨光损耗，毛料断面为 6.5cm×8.5cm。

2）窗扇边挺定额毛料规格为 5.5cm× 7.5cm，定额边挺毛料用量为 0.368m³/10m²。

3）截面积换算公式：

定额杉枋材增减量=（设计截面积/定额截面积−1）×定额边挺毛料用量，即枋材增加用量=[（6.5×8.5）÷（5.5×7.5）−1] ×0.368=0.126m³/10m²

4）套定额 12-280，

基价=12 599.06+0.126×1625

=12 803.81 元/10m²

（3）**强度等级的换算**

在预算定额中，对砖石工程的砌筑砂浆强度等级、混凝土及钢筋混凝土工程的混凝土强度等级，以及抹灰、楼地面工程的抹灰

砂浆标号等均列一种标号,当与设计标号不同时,定额基价进行换算。

【实例 2-3】 砖砌 1 砖外墙,采用 M7.5 混合砂浆砌筑,求定额基价。

解 1) 套定额 5-10,基价 1864 元/m³。

2) 砂浆强度等级由原来的 M5 混合砂浆换算为 M7.5 混合砂浆时,每立方米单价增加 136.67−131.02=5.65 元。

3) 每 10m³ 砖砌体砂浆定额用量为 2.36m³。

4) 换算后的定额基价为

$$1864+5.65×2.36=1877 \text{ 元/10m}^3$$

(4) 厚度的换算

在预算定额中的抹灰面层、砂浆结合层等厚度,是按设计规范中一般常用厚度确定的,为了考虑不同设计厚度,有的定额划分了基本厚度和增加厚度两个子目,如楼地面工程中的找平层。

【实例 2-4】 楼地面工程中,水泥砂浆找平层,基本定额厚度为 20mm,每 100m² 基价为 561 元,增加厚度定额每增减 5mm,100m² 基价为 92 元,若设计厚度为 28mm 时,如何换算?

解 1) 计算增加厚度系数为

$$(28\text{mm}−20\text{mm})/5\text{mm}=1.6 \text{ (取 2)}$$

2) 换算后的定额基价为

$$561+92×2=745 \text{ 元/100m}^2$$

【实例 2-5】 30mm 水泥砂浆 1∶3 粘结 30mm 厚花岗岩地面,求其定额基价?

解 1) 套定额 7-20,基价为 15 028 元/100m²。

2) 30mm 厚 1∶3 水泥砂浆定额消耗量为

$$0.03×1.02 \text{(砂浆损耗率为 2%)}×100$$
$$=3.06\text{m}^3/100\text{m}^2$$

3) 换算后定额基价=原基价+1∶3 水泥砂浆单价×消耗量−1∶2.5 水泥砂浆单价×消耗量=15 028+173.92×3.06−189.2×2.2=15 144 元/100m²

(5) 其他换算

园林绿化及仿古建筑工程每个项目各有特点,品种繁多,在实际运用中往往结合工程的实际情况进行换算,涉及换算的子目也较多,现针对园林绿化及仿古建筑中经常会碰到或其特有的子目举例说明。

【实例 2-6】 某一景墙,表面砖细斜角景贴面,方砖采用 400mm×400mm×50mm 成品方砖,假设方砖的单价为 18 元/块,求其基价。

解题思路 套用砖细贴面斜角景定额,定额内砖是毛料砖,要扣除定额内对砖进行加工的费用。

解 1) 套定额 9-38,基价为 2947 元/10m²。

2) 方砖刨面人工消耗量的扣除:套定额 9-8,人工消耗量为 13.64 工日/10m²。

3) 方砖刨不露面平缝人工消耗量的扣除:10÷(0.4×0.4)=62.5 块/10m²,刨缝长度为 0.4×4×62.5=100m,定额说明中规定每 10m 平缝。

扣除人工 1.05 工日,即扣除 100×0.105=10.5 工/10m²。

4) 基价=2947−(13.64+10.5)×30−1825×0.74+1800×0.625×(1+4%)=2042.3 元/10m²

(4% 为损耗,参地面铺方砖子目损耗)

【实例 2-7】 柳按木月梁,规格为 350mm×200mm,要求挖底、拔亥,假设柳按木枋材为 5000/m³,求其基价?

解 1) 套定额 8-23,基价 18 636 元/10m²。

2）人工系数换算：拔亥人工乘系数 1.1，采用硬木柳按乘系数 1.25 即人工乘系数 $1.1×1.25＝1.375$。

3）基价＝$18\ 636＋5916.6×(1.375−1)＋$（5000−1139）$×10.9＝62\ 939.63$ 元$/10m^3$

综上所述，在预算定额中，园林建设工程虽然品种多，项目杂，在熟悉定额的基础上，应结合每个工程的实际情况。

自我评价

评价项目	技术要求	分值	评分细则	评分记录
定额的组成熟悉	了解定额总说明 明确定额主要内容 掌握定额各章节的内容	20	定额说明理解应全面，未能全面理解的扣 5～10 分 不能说出定额主要内容及各章内容安排的扣 5～10 分	
定额项目表的运用	明确各项目表的组成 理解各表的主要内容 掌握表中数据间的对应关系	30	定额中计量单位不清者扣 5 分 项目表中数据间的关系不熟练扣 1～10 分	
定额表的查阅	根据项目列出的工作内容查找相应的定额，并确定其基价	30	规定时间内查找 10 个工作内容对应的定额编号，并说出其人工消耗量与基价，每错 1 个扣 3 分	
定额的使用基本要求	掌握定额的使用基本要求	20	凡违背基本要求的，扣 3～5 分 对分部分项定额的编排程序和规律不熟悉者，扣 5～10 分	

任务 2.3 园林工程项目的划分

【学习目标】

园林工程施工招标项目包含园林绿化工程与园林景观工程。各园林工程项目是由多个基本的分项工程构成的，为了便于对工程进行管理，保证园林景观工程投标内容的完整性，做到与园林工程招标文件内容相吻合，使工程预算项目与预算定额中项目相一致，就必须对工程项目进行划分。本任务的目标是明确"湘甬无二"公园景观工程的项目组成，学会根据园林工程施工图纸进行项目划分。

【任务分析】

通过任务 2.2 的学习，我们明确了预算定额的组成与主要内容。划分项目的目的是使工程预算项目与预算定额中项目相一致（图 2-15），因此项目划分任务要将园林工程图与预算定额相结合，将工程项目按照项目划分级别进行划分，最终达到所有子项目与相关的定额相对应，为下一个任务——各单项工程预算编制套定额做好准备。

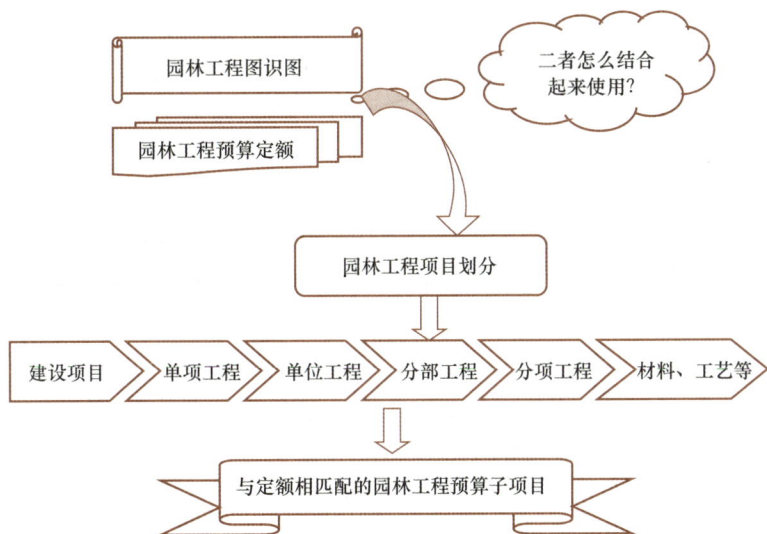

图 2-15 项目划分任务分析

【思政融入提示】

项目划分来源于图纸内容和定额项目的匹配。在层层项目划分中进行图纸内容与成本关系分析，培养学生细节决定成败的意识；从工程项目的层级关系讲解中，培养学生的大局意识和层级思维；通过项目的划分，提高学习者由整体到局部的分析能力和由局部到全局的思维意识。

基础知识

园林建设产品的形式、结构、尺寸、规格、标准千变万化，所需的人力、物力的消耗也不相同，而且园林建设产品的单体性和固定性使工程地点、施工条件、施工周期、投资效果等因素变化极大。因此，不可能用一般工业产品的计价方法对园林产品进行精确的核算。但是园林产品经过层层分解后，具有许多共同的特征：首先，他们的基本组成部分是相同的，如园路都由基层和面层组成；其次，园林产品价格构成要素基本相同，主要包括人工费、材料费、机械台班费等；因此，可以按照同等或相近的条件、确定单位分项工程的人工、材料、施工机械台班等消耗指标（即定额），再根据具体工程的实际情况（如设计图纸、施工方案）按规定逐项计算，求其产品的价值，即园林工程预算。

一般园林建设项目可划分为以下几个层次。

（1）建设总项目

建设总项目是指在一个或数个场地上，按照一个总体设计进行施工的各个工程项目的总和，如一个公园、一座休闲农庄、一个动物园、一个小区等就是一个建设总项目。

（2）单项工程

单项工程是指在一个工程项目中，具有独立的设计文件，竣工后可以独立发挥工程效益的工程。它是建设项目的组成部分，一个建设项目中可以有几个单项工程，也可以只有一个单项工程，如一个公园里的码头、水榭、喷泉广场等。

（3）单位工程

单位工程是指具有单列的设计文件，可以进行独立施工，但不能单独发挥作用的工程。它是单项工程的组成部分，如喷泉广场中的园林工程、给排水工程、照明工程等。

（4）分部工程

分部工程一般是指按单位工程的各个部位或是按照使用不同的工种、材料和施工机械而划分的工程项目。它是单位工程的组成部分。例如，一般园林工程可以划分为 4 个分部工程：园林绿化工程、堆砌假山及塑山工程、园路及园桥工程、园林小品工程。

（5）分项工程

分项工程是指分部工程中按照不同的施工方法、不同的材料、不同的规格等因素而进一步划分为如下基本的工程项目。

1）园林绿化工程。有 21 个分项工程，整理绿化及起挖乔木（带土球）、栽植乔木（带土球）、起挖乔木（裸根）、栽植乔木（裸根）、起挖灌木（带土球）、栽植灌木（带土球）、起挖灌木（裸根）、栽植灌木（裸根）、起挖竹类（散生竹）、栽植竹类（散生竹）、起挖竹类（丛生竹）、栽植竹类（丛生竹）、

划分园林工程
预算项目（一）
（微课）

栽植绿篱、露地花卉栽植、草皮铺种、栽植水生植物、树木支撑、草绳绕树干、栽种攀缘植物、假植、人工换土。

2）堆砌假山及塑山工程。有 2 个分项工程，即堆砌石山、塑假石山。

3）园路及园桥工程。有 2 个分项工程，即园路及园桥。

4）园林小品工程。有 2 个分项工程，即堆塑装饰、小型设施。

工作步骤

课程导入的园林景观工程招标项目的项目划分如图 2-16 所示。

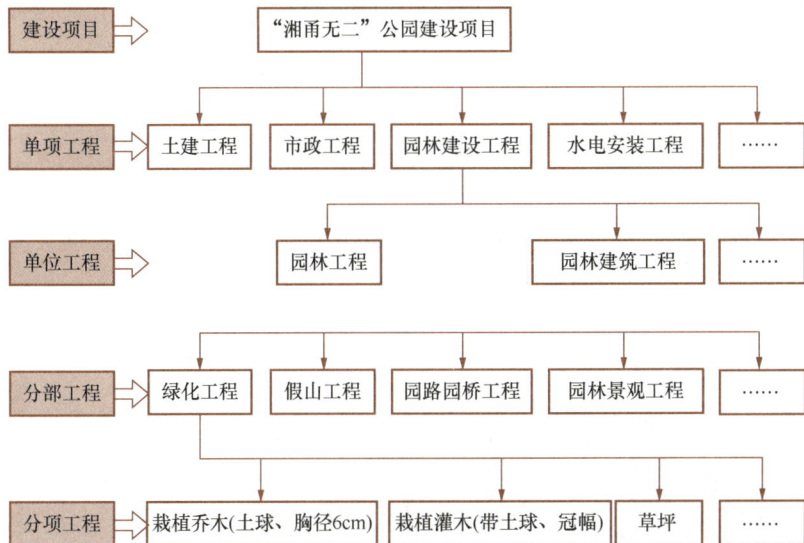

划分园林工程
预算项目（二）
（微课）

图 2-16 招标工程项目划分图

根据园林工程招标项目提供的"湘甬无二"公园景观工程图纸一套，明确项目划分要从整体到局部的概念，并根据图纸提出问题：要计算该项目的工程造价，首先应该明确该项目由哪些部分组成，从而提出项目划分的步骤（图 2-17）。

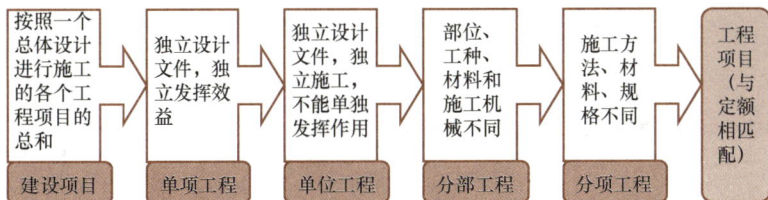

图 2-17 项目划分步骤

步骤一：明确建设项目："湘甬无二"公园。

步骤二：分析该建设项目的单项工程，它们是园林建设工程、土建工程、市政工程、水电安装工程等。

　　步骤三：根据每一个单项工程进一步细分为各单位工程，如园林建设工程包含有园林工程、园林建筑工程等。

　　步骤四：按单位工程的各个部位或是按照使用不同的工种、材料和施工机械而继续将单位工程分解为分部工程，如园林工程划分园林绿化工程、假山工程、园路及园桥工程、园林景观工程等。

　　步骤五：分部工程中按照不同的施工方法，不同的材料、不同的规格等因素而进一步划分为最基本的工程项目，即分项工程。例如，园林绿化工程根据乔灌草的不同、苗木规格的不同、施工方法的不同进一步细分为栽植乔木（带土球、胸径 6cm）、栽植灌木（带土球、冠幅 60cm）、草坪等，这些都与相关定额相匹配，即可得到各项目的消耗量与定额基价，为下一任务套定额提供依据。

巩固训练

　　图 2-18 为"湘甬无二"公园景观工程中宅间铺装工程图的一部分，请根据项目划分步骤对其进行项目划分，要求明确不同材料、不同规格以及不同施工方法对应的项目内容。

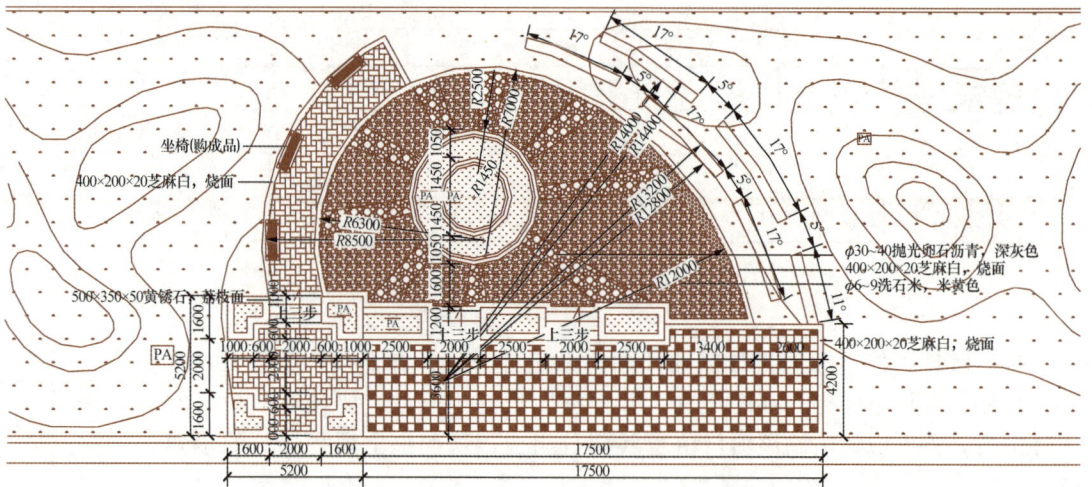

图 2-18　"湘甬无二"公园景观工程铺装图

知识拓展

园林工程的内容

（1）土方工程

　　对土方工程的预决算，主要是依据竖向设计进行土方工程量计算及土方施工、塑造、整理园林建设场地等的工程量计算，土方量计算一般根据附有原地形等高线的设计地形图来进行。

　　土方施工包括挖、运、填、压四方面的内容，其施工方式可以有人力施工、机械化和半机械化施工等，需根据施工现场的现状、工程量和当地的施工条件决定。

（2）水景工程

水景工程包括水池、驳岸、护坡、小型水闸和喷泉等。

水池设计包括平面设计、立面设计、剖面设计及管线设计。水池的剖面应有足够的代表性，要反映出从地基到壁顶各层材料厚度。它是计算工程量的基础。编制园林喷泉工程预算应熟练掌握各种管线与喷头、灯具的型号。

（3）园路与铺装工程

园路工程的重点在园路的线形设计、园路铺装和园路施工等。园路结构图和铺装材料是园林工程施工与造价预算的依据。预算时应根据不同的铺装材料套用不同的预算定额。

（4）假山工程

假山工程是园林建设的专业工程，人们通常所说的"假山工程"实际上包括假山和置石两部分。假山工程的工程量根据石材的材质和山体高度进行计算。

在传统灰塑假山的基础上，运用现代材料如环氧树脂、短纤维树脂混凝土、水泥及灰浆等，创造了塑山工艺。塑山的造价按假山的表面展开面积计算。

（5）绿化工程

绿化工程包括乔灌木种植工程、草坪工程、大树移植等。

在进行栽植工程施工前，施工人员必须通过设计人员的设计交底充分了解设计意图，理解设计要求，熟悉设计图纸，了解施工地段的状况、定点放线的依据、工程材料来源及运输情况，需要时应作现场调研。设计单位和工程建设方应向施工人员提供有关材料，如工程的项目内容及任务量、工程期限、工程投资及设计概（预）算、设计意图等。

在完成施工前的准备工作后，施工方应编制施工计划，制定出在规定的工期内费用最低的安全施工的条件和方法，以保证优质、高效、低成本、安全地完成其施工任务。

自我评价

评价项目	技术要求	分值	评分细则	评分记录
园林工程施工图识图	快速了解图纸内容 明确施工图纸所包含的主要内容	30	图纸不熟悉，未能全面理解的扣5～10分 不能说出施工图主要内容及项目划分层次概念模糊者扣5～10分	
工程子项目的划分	明确图纸中分部工程的组成 根据图纸快速罗列出园林工程各分部工程的基本的工程项目 掌握分项工程与预算定额的对应关系	40	图纸中分部工程划分不清扣5分 分项工程项目划分与施工方法不合理者扣1～10分 园林分项工程与定额项目不能较好匹配者扣1～10分	
不同的施工方法、不同的材料、不同的规格等因素的区分	材料的区别 施工方法的理解与施工工艺流程的控制 材料规格的区分与计量单位的匹配	30	不熟悉材料者扣3～5分 施工工艺流程不清晰者扣5～10分 工程材料规格不清楚者或计量单位不匹配者扣5～10分	

任务2.4　园林绿化工程预算

【学习目标】

1. 根据园林绿化工程施工工艺流程，能熟练列出招标项目中园林绿化工程项目。
2. 按照园林绿化工程定额项目的组成，将工程项目与定额内容相匹配，能正确套用预算定额，编制工程直接费计算表。
3. 明确园林绿化工程造价的组成，会运用各种费用的计算方法，会根据直接费计算表按照工程造价计算顺序计算园林绿化工程造价。

【任务分析】

编制园林绿化
工程预算（微课）

本任务是让学生根据园林绿化工程图的内容，熟练分析并写出园林绿化工程的项目组成，按照工程计价规范计算出园林绿化工程造价。分析中要明确造价的组成部分，理解相互间的计算关系，明确计算过程中的数据来源；学习过程中要理解各种费用的组成部分，从实际操作过程中总结归纳具体的园林绿化工程项目预算程序。

特别注意： 绿化工程预算定额基价组成中均未包含主要材料苗木的价格。在预算过程中要将其加到主要材料费用中。

【思政融入提示】

通过园林绿化项目预算的编制，在绿化苗木价格分析中融入景观与成本的关系讲解，培养学生在日常生活中理解美、分析美和创造美的意识，提高学习者在工程建设中节约、厉行勤俭的主人翁精神。

基础知识

园林工程预算造价由**直接费**、**间接费**、**利润**、**税金**和**其他费用**五部分组成。园林工程造价的各类费用，除定额直接费是按设计图纸和预算定额计算外，其他的费用项目应根据国家及地区制定的费用定额及有关规定计算。一般采用工程所在地区的统一费用定额。

1. 直接费由直接工程费和措施费组成

（1）直接工程费

直接工程费是指工程施工过程中耗费的构成工程实体的各项费用，包括人工费、材料费、施工机械使用费：

1）人工费。是指为从事建设工程施工的生产工人开支的各项费用，包括以下五项费用：①基本工资；②工资性补贴；③辅助工资；④福利费；⑤劳动保护费等。

2）材料费。是指施工过程中耗用的构成工程实体的原材料、辅助材料、构配件、零件、半成品的费用，包括以下五项费用：①材料原价（或供应价格）；②材料运杂费；③运输损耗费；④采购及保管费；⑤检验试验费等。

3）施工机械使用费。是指施工机械作业所发生的机械使用费以及机械安拆费和场外运输费。施工机械台班单价应由下列七项费用组成：①折旧费；②大修理费；③经常修理费；④安拆费及场外运费；⑤人工费；⑥燃料动力费；⑦养路费及车船税等。

（2）措施费

措施费是指为完成工程项目施工，发生于该工程施工前和施工过程中非工程实体项目的费用，由施工技术措施费和施工组织措施费组成。

● **施工技术措施费**内容包括以下几方面：

1）大型机械设备进出场及安拆费。是指大型机械整体或分体自停放场地运至施工现场或由一个施工地点运至另一个施工地点所发生的机械进出场运输转移费用，以及机械在施工现场进行安装、拆卸所需的人工费、材料费、机械费、试运转费和安装所需的辅助设施的费用。

2）混凝土、钢筋混凝土模板及支架费。是指混凝土施工过程中需要的各种钢模板、木模板、支架等的支、拆、运输费用及模板、支架的摊销（或租赁）费用。

3）脚手架费。是指施工需要的各种脚手架搭、拆、运输费用及脚手架的摊销（或租赁）费用。

4）施工排水、降水费。是指为确保工程在正常条件下施工，采取各种排水、降水措施所发生的各种费用。

5）其他施工技术措施费。是指根据各专业、地区及工程特点补充的技术措施费用项目。

● **施工组织措施费**内容包括以下几方面：

1）环境保护费。是指施工现场为达到环保部门要求所需要的各项费用。

2）文明施工费。是指施工现场文明施工所需要的各项费用。一般包括施工现场的标牌设置，施工现场地面硬化，现场周边设立围护设施，现场安全保卫及保持场貌、场容整洁等发生的费用。

3）安全施工费。是指施工现场安全施工所需要的各项费用。一般包括安全防护用具和服装，施工现场的安全警示、消防设施和灭火器材，安全教育培训，安全检查及编制安全措施方案等发生的费用。

4）临时设施费。是指施工企业为进行建筑工程施工所必须搭设的生活和生产用的临时建筑物、构筑物和其他临时设施等发生的费用。

临时设施包括临时宿舍、文化福利及公用事业房屋与构筑物，仓库、办公室、加工厂（场）以及在规定范围内道路、水、电、管线等临时设施和小型临时设施。

临时设施费用包括临时设施的搭设、维修、拆除费或摊销费。

5）夜间施工增加费。是指因夜间施工所发生的夜班补助费、夜间施工降效、夜间施工照明设备摊销及照明用电等费用。

6）缩短工期增加费。是指因缩短工期要求发生的施工增加费，包括夜间施工增加费、周转材料加大投入量所增加的费用等。

7）二次搬运费。是指因施工场地狭小等特殊情况而发生的二次搬运费用。

8）已完工程及设备保护费。是指竣工验收前，对已完工程及设备进行保护所需的费用。

9）其他施工组织措施费。是指根据各专业、地区及工程特点补充的施工组织措施费用项目。

2. 间接费由规费、企业管理费组成

（1）规费

规费是指政府和有关政府行政主管部门规定必须缴纳的费用（简称规费），包括如下部分：

1）工程排污费。是指施工现场按规定缴纳的工程排污费。

2）工程定额测定费。是指按规定支付工程造价管理机构的技术经济标准的制定和定额测定费。

3）社会保障费。包括养老保险费、失业保险费和医疗保险费等。

养老保险费是指企业按规定标准为职工缴纳的基本养老保险费。

失业保险费是指企业按照国家规定标准为职工缴纳的失业保险费。

医疗保险费是指企业按照规定标准为职工缴纳的基本医疗保险费。

4）住房公积金。是指企业按照规定标准为职工缴纳的住房公积金。

5）危险作业意外伤害保险费。是指按照《建筑法》规定，企业为从事危险作业的建筑安装施工人员支付的意外伤害保险费。

（2）企业管理费

企业管理费是指建筑安装企业组织施工生产和经营管理所需的费用，内容包括如下部分：

1）管理人员工资。是指管理人员的基本工资、工资性补贴、职工福利费、劳动保护费等。

2）办公费。是指企业管理办公用的文具、纸张、账表、印刷、邮电、书报、会议、水电、烧水和集体取暖（包括现场临时宿舍取暖）用煤等费用。

3）差旅交通费。是指职工因公出差、调动工作的差旅费、住勤补助费，市内交通费和误餐补助费，职工探亲路费，劳动力招募费，职工离退休、退

职一次性路费，工伤人员就医路费，工地转移费以及管理部门使用的交通工具的油料、燃料、养路费及牌照费等。

4）固定资产使用费。是指管理和试验部门及附属生产单位使用的属于固定资产的房屋、设备仪器等的折旧、大修、维修或租赁费。

5）工具用具使用费。是指管理使用的不属于固定资产的生产工具、器具、家具、交通工具和检验、试验、测绘、消防用具等的购置、维修和摊销费。

6）劳动保险费。是指由企业支付离退休职工的异地安家补助费、职工退职金、六个月以上的长病假人员工资、职工死亡丧葬补助费、抚恤费、按规定支付给离休干部的各项经费。

7）工会经费。是指企业按职工工资总额计提的工会经费。

8）职工教育经费。是指企业为职工学习先进技术和提高文化水平，按职工工资总额计提的费用。

9）财产保险费。是指施工管理用财产、车辆保险费。

10）财务费。是指企业为筹集资金而发生的各种费用。

11）税金。是指企业按规定缴纳的房产税、车船税、土地使用税、印花税等。

12）其他。包括技术转让费、技术开发费、业务招待费、绿化费、广告费、公证费、法律顾问费、审计费、咨询费等。

3. 利润

利润是指施工企业完成所承包工程获得的盈利。

4. 税金

税金是指国家税法规定的应计入建筑安装工程造价内的营业税、城乡维护建设税、教育费附加等。

5. 其他费用

其他费用是指在现行规定内容中没有包括、但随着国家和地方各种经济政策的推行而在施工中不可避免地发生的费用，如各种材料价格与预算定额的差价、构配件增值税等。一般来讲，材料差价是由地方政府主管部门颁布的，以材料费或直接费乘以材料差价系数计算。

除了以上五种费用构成园林建设工程预算费之外，有些因工程复杂、编制预算中未能预先计入的费用，如变更设计、调整材料预算单价等发生的费用，在编制预算中将其列入不可预计费一项，以工程造价为基数，乘以规定费率计算。

6. 园林工程预算费用的组成以及相互之间的关系

园林工程预算费用的组成以及相互之间的关系，详见表2-3。

表 2-3　园林工程预算费用的组成

建设工程造价	一、直接费	直接工程费	1. 人工费	
			2. 材料费	
			3. 施工机械使用费	
		措施费	施工技术措施费	1. 大型机械设备进出场及安拆费
				2. 混凝土、钢筋混凝土模板及支架费
				3. 脚手架费
				4. 施工排水、降水费
				5. 其他施工技术措施费
			施工组织措施费	1. 环境保护费
				2. 文明施工费
				3. 安全施工费
				4. 临时设施费
				5. 夜间施工增加费
				6. 缩短工期增加费
				7. 二次搬运费
				8. 已完工程及设备保护费
				9. 其他施工组织措施费
	二、间接费	规费	1. 工程排污费	
			2. 工程定额测定费	
			3. 社会保障费（包括养老保险费、失业保险费、医疗保险费）	
			4. 住房公积金	
			5. 危险作业意外伤害保险费	
		企业管理费	1. 管理人员工资	
			2. 办公费	
			3. 差旅交通费	
			4. 固定资产使用费	
			5. 工具用具使用费	
			6. 劳动保险费	
			7. 工会经费	
			8. 职工教育经费	
			9. 财产保险费	
			10. 财务费	
			11. 税金	
			12. 其他	
	三、利润			
	四、税金		1. 营业税	
			2. 城乡维护建设税	
			3. 教育附加费	

注：本表措施费仅列通用项目，各专业工程的措施费项目如垂直运输机械等作为其他施工技术措施费项目列项
计算。

工作步骤

园林绿化工程预算工作方法如下：

1）结合"湘甬无二"公园植物种植施工图，通过乔灌木种植施工图读图，列出园林绿化工程具体项目。

2）结合预算定额填入"分部分项工程工程量计算表"。

3）按照工程量计算规则计算各分项工程量，汇总工程直接费与人工机械费。

4）按照计算顺序计算总造价（图 2-19）。

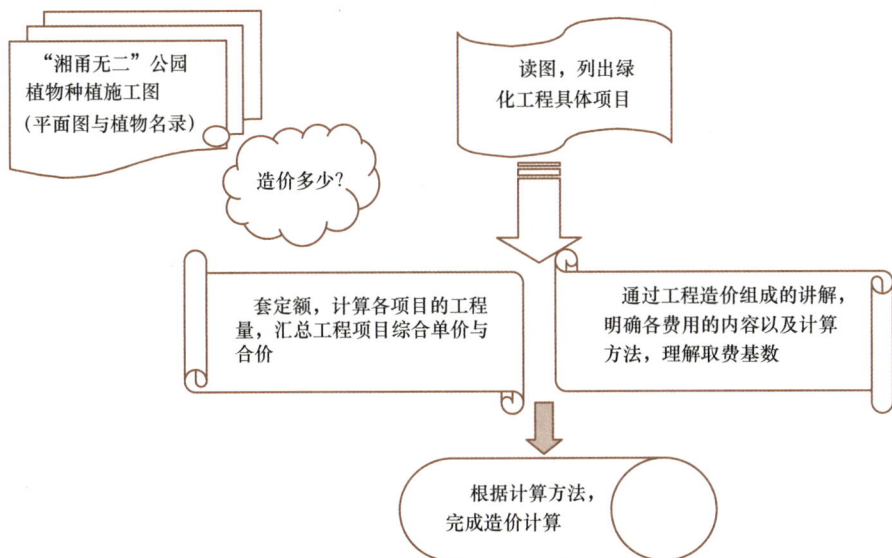

图 2-19　园林绿化工程预算步骤

5）造价得出后，进行讨论总结，归纳出园林绿化工程造价计算的程序，其具体操作的步骤见图 2-20。

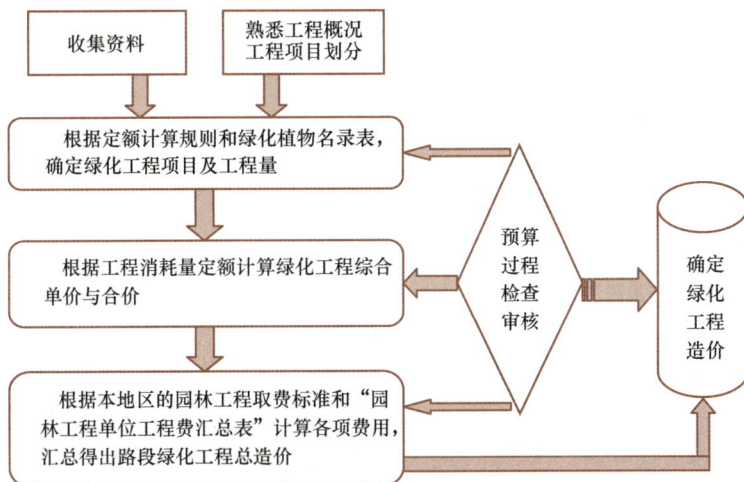

图 2-20　该路段绿化工程预算程序

园林绿化工程
预算编制案例
（微课）

【项目案例】 "湘甬无二"公园分区四道路两侧绿化工程设计用苗预算的计算过程说明。表 2-4 为苗木用量表，请计算该道路两侧绿化工程的造价为多少，并写出具体步骤，列出表格。按市区甲类投资三类园林绿化工程取费。

表 2-4 "湘甬无二"公园分区四道路两侧绿化工程设计苗木单（部分）

序号	项目编码	项目名称	计量单位	工程数量
		0501 绿化工程		
1	050102001001	栽植杜英 $\phi 8$，土球直径 80cm 以内	株	14
2	050102001002	栽植垂柳 $\phi 6$，土球直径 60cm 以内	株	5
3	050102001003	栽植香樟 $\phi 8$，土球直径 80cm 以内	株	7
4	050102004001	栽植四季桂 $p200h250$，土球直径 60cm 以内	株	27
5	050102004002	栽植夹竹桃 $p100h150$，土球直径 30cm 以内	株	12
6	050102007001	栽植红花继木 $p100h100$（带土球），土球直径 30cm 以内	m^2	17
		合计		

园林工程类别的划分请参考各省市建设工程取费定额说明。

解 步骤如下：

步骤一：收集资料：①设计图纸；②定额；③取费标准；④其他有关文件。

步骤二：熟悉工程概况，分析该路段绿化工程苗木用量，结合定额项目划分，可将工程项目划分为：

- 栽植杜英 $\phi 8$；
- 栽植垂柳 $\phi 6$；
- 栽植香樟 $\phi 8$；
- 栽植四季桂 $p200h250$；
- 栽植夹竹桃 $p100h150$；
- 栽植红花继木 $p100h100$。

步骤三：根据定额计算规则和绿化植物名录表，计算绿化工程项目及工程量。

结果见表 2-5。

园林绿化工程操作规程

1）园林绿化工程包括种植前的准备，种植时的用工用料和机械使用费，以及花坛栽培后十天以内的养护工作。

2）园林绿化工程基价中未包括苗木、花卉费用，其价格根据当时当地的市场信息价确定。

3）园林绿化工程定额不包括种植前清除建筑垃圾及其他障碍物。种植后包括绿化地周围 2m 内的清理工作。

4）起挖或栽植树木均以一、二类土为计算标准，如为三类土，人工乘以系数 1.34，四类土人工乘以系数 1.76，冻土人工乘以系数 2.20。

5）园林绿化工程定额以原土回填为准，如需换土，按"换土"定额另行计算。

6）栽植树木支撑价格按"树木支撑"定额计算。

7）绿化工程均包括施工地点 50m 范围以内的材料搬运，超过运距时，另行计算超运距费用。

常用名词释义

胸径：指距地面 1.2m 处的树干的直径。

苗高：指从地面起到顶梢的高度。

冠幅：指展开枝条幅度的水平直径。

条长：指攀缘植物，从地面起到硬梢的长度。

表 2-5　工程量计算表

工程名称："湘甬无二"公园分区四道路两侧绿化工程清单（定额）

序号	项目编码 （定额编码）	项目名称	计量单位	工程数量
		0501 绿化工程		
1	1-108	栽植杜英 φ8	10 株	1.4
2	1-250	常绿乔木胸径 10cm 以内	10 株	1.4
3	1-333	树棍支撑三脚桩	10 株	1.4
4	1-342	草绳绕树干胸径 10cm 以内	10m	1.4
5	1-107	栽植垂柳 φ7	10 株	0.5
6	1-256	落叶乔木胸径 10cm 以内	10 株	0.5
7	1-333	树棍支撑三脚桩	10 株	0.5
8	1-342	草绳绕树干胸径 10cm 以内	10m	0.5
9	1-108	栽植香樟 φ8	10 株	0.7
10	1-250	常绿乔木胸径 10cm 以内	10 株	0.7
11	1-333	树棍支撑三脚桩	10 株	0.7
12	1-342	草绳绕树干胸径 10cm 以内	10m	0.7
13	1-111	栽植金桂 A（独本）地径 18.1～20，h500 以上 p400 以上	10 株	1
14	1-251	常绿乔木胸径 20cm 以内	10 株	1
15	1-334	树棍支撑四脚桩	10 株	1
16	1-344	草绳绕树干胸径 20cm 以内	10m	1

续表

序号	项目编码 (定额编码)	项目名称	计量单位	工程数量
17	1-110	栽植金桂 B h400 以上 p300 以上	10 株	0.7
18	1-251	常绿乔木胸径 20cm 以内	10 株	0.7
19	1-334	树棍支撑四脚桩	10 株	0.7
20	1-344	草绳绕树干胸径 20cm 以内	10m	0.7
21	1-146	栽植海桐球 h140 以上, p160～180	10 株	0.6
22	1-308	球形植物蓬径 200cm 以内	10 株	0.6
23	1-145	栽植红叶石楠球 B h120 以上, p140～160	10 株	0.5
24	1-308	球形植物蓬径 200cm 以内	10 株	0.5
25	1-173	栽植大叶黄杨篱 A h180 p60 以上 9 株/m²,	10m	4.8
26	1-292	单排绿篱高度 200cm 以内	10m	4.8
27	1-166	灌木片植大叶黄杨 A h60 p30 以上, 16 株/m²	10m²	2.8
28	1-316	地被植物	10m²	2.8
29	1-162	灌木八角金盘 h41-50 p41-50 25 株/m²	10m²	7.7
30	1-316	地被植物	10m²	7.7
31	1-215	栽植百慕大草皮	100m²	1.92
32	1-319	暖地型草坪满铺	10m²	19.2

相关知识

　　综合单价法是指分部分项项目及施工技术措施费项目的单价采用除规费、税金外的全费用单价（综合单价）的一种计价方法，规费、税金单独计取。综合单价是指完成工程量清单中一个规定计量单位项目所需的人工费、材料费、机械使用费、企业管理费和利润，并考虑风险因素（表 2-6）。

表 2-6　综合单价法计价的工程费用计算程序（人工费加机械费为计算基数）

序号	费用项目		计算方法
一	分部分项工程量清单项目费		∑（分部分项工程量清单×综合单价）
	其中	1. 人工费	
		2. 机械费	
二	措施项目清单费		（一）+（二）
	（一）施工技术措施项目清单费		∑（技术措施项目清单×综合单价）
	其中	1. 人工费	
		2. 机械费	
	（二）施工组织措施项目清单费		∑[（一+二+三+四）×费率]
三	其他项目清单费		按清单计价要求计算
四	规费		（一+二）×相应费率
五	税金		（一+二+三+四）×相应费率
六	建设工程造价		一+二+三+四+五

步骤四：根据工程消耗量定额，计算该路段绿化工程综合单价与合价。

结果见表 2-7。

表 2-7　工程预算表

单位（专业）工程名称：单位工程－"湘甬无二"公园分区四道路两侧绿化工程

序号	编号	名称	单位	数量	单价/元	单价组成			合价/元
						人工费/元	材料费/元	机械费/元	
		0501 绿化工程		0.000					71 383.50
1	1-108	栽植杜英 $\phi 8$	10 株	1.400	1 277.86	449.86	715.91	112.09	1 789.00
2	1-250	常绿乔木胸径 10cm 以内	10 株	1.400	343.62	276.62	25.19	41.81	481.07
3	1-107	栽植垂柳 $\phi 7$	10 株	0.500	1 086.58	272.64	813.94	0.00	543.29
4	1-256	落叶乔木胸径 10cm 以内	10 株	0.500	378.82	304.31	25.80	48.71	189.41
5	1-108	栽植香樟 $\phi 8$	10 株	0.700	1 601.06	449.86	1 039.11	112.09	1 120.74
6	1-250	常绿乔木胸径 10cm 以内	10 株	0.700	343.62	276.62	25.19	41.81	240.53
7	1-111	栽植金桂 A（独本）地径 18.1～20，h500 以上 p400 以上	10 株	1.000	42 484.83	1 588.13	40 429.70	467.00	42 484.83
8	1-251	常绿乔木胸径 20cm 以内	10 株	1.000	627.62	547.27	33.80	46.55	627.62
9	1-110	栽植金桂 B h400 以上 p300 以上	10 株	0.700	13 384.60	1 056.48	12 143.76	184.36	9 369.22
10	1-251	常绿乔木胸径 20cm 以内	10 株	0.700	627.62	547.27	33.80	46.55	439.33
11	1-146	栽植海桐球 h140 以上，p160～180	10 株	0.600	2 152.60	162.16	1 990.44	0.00	1291.56
12	1-308	球形植物蓬径 200cm 以内	10 株	0.600	282.22	210.30	30.54	41.38	169.33
13	1-145	栽植红叶石楠球 B h120 以上，p140～160	10 株	0.500	2 035.85	88.89	1 946.96	0.00	1 017.93
14	1-308	球形植物蓬径 200cm 以内	10 株	0.500	282.22	210.30	30.54	41.38	141.11
15	1-173	栽植大叶黄杨篱 A h180 p60 以上 9 株/m^2	10m	4.800	301.99	68.02	233.97	0.00	1 449.55
16	1-292	单排绿篱高度 200cm 以内	10m	4.800	38.58	17.18	14.07	7.33	185.18
17	1-166	灌木片植大叶黄杨 A h60 p30 以上，16 株/m^2	10m^2	2.800	275.21	103.94	171.27	0.00	770.59
18	1-316	地被植物	10m^2	2.800	41.59	6.96	19.11	15.52	116.45
19	1-162	灌木八角金盘 h41～50 p41～50，25 株/m^2	10m^2	7.700	622.83	73.27	549.56	0.00	4 795.79
20	1-316	地被植物	10m^2	7.700	41.59	6.96	19.11	15.52	320.24
21	1-215	栽植百慕大草皮	100m^2	1.920	1 420.28	642.98	777.30	0.00	2 726.94
22	1-319	暖地型草坪满铺	10m^2	19.200	58.01	36.92	8.16	12.93	1 113.79

续表

序号	编号	名称	单位	数量	单价/元	人工费/元	材料费/元	机械费/元	合价/元
		施工技术措施							1 626.14
1	1-333	树棍支撑三脚桩	10 株	2.600	197.68	34.79	162.89	0.00	513.97
2	1-334	树棍支撑四脚桩	10 株	1.700	530.77	46.29	484.48	0.00	902.31
3	1-342	草绳绕树干胸径 10cm 以内	10m	2.600	36.59	23.15	13.44	0.00	95.13
4	1-344	草绳绕树干胸径 20cm 以内	10m	1.700	67.49	40.61	26.88	0.00	114.73
		合计							73 009.64

（单价组成：人工费/元、材料费/元、机械费/元）

步骤五：根据本地区的园林工程取费标准和"园林工程单位工程费汇总表"计算各项费用，汇总得出该路段绿化工程总造价。

结果见表 2-8。

表 2-8　单位（专业）工程费用表

工程名称：单位工程-"湘甬无二"公园分区四道路两侧绿化工程

序号	费用名称		计算公式	金额/元	备注
1	分部分项工程费		$\sum$（分部分项工程量×综合单价）	71 383.50	
1.1	其中	人工费＋机械费	$\sum$（分部分项定额人工费＋分部分项定额机械费）	9 186.99	
2	措施项目费		(2.1＋2.2)	2 076.88	
2.1	施工技术措施项目费		$\sum$（技措项目工程量×综合单价）	1 626.14	
2.1.1	其中	人工费＋机械费	$\sum$（技措项目定额人工费＋技措项目定额机械费）	262.69	
2.2	施工组织措施项目费		(1.1＋2.1.1)×4.77%	450.74	
2.2.1	其中	安全文明施工基本费	(1.1＋2.1.1)×4.49%	424.29	
3	企业管理费		(1.1＋2.1.1)×17.89%	1 690.55	
4	利润		(1.1＋2.1.1)×13.21%	1 248.30	
5	其他项目费		(5.1＋5.2＋5.3＋5.4)		
5.1	暂列金额				
5.2	暂估价				
5.3	计日工		$\sum$（计日工暂估数量×综合单价）		
5.4	施工总承包服务费				
6	规费		(1.1＋2.1.1)×9.18%	867.48	
7	税金		(1＋2＋3＋4＋5＋6)×9%	6 954.00	
	投标报价合计		1＋2＋3＋4＋5＋6＋7	84 220.71	

步骤六：审核。工程造价计算出来后，还应该从造价的合理性方面对预
　　　　算过程进行检查审核，确定工程造价。

步骤七：讨论总结园林绿化工程造价计算的程序。

巩固训练

为了全面了解绿化预算的核心内容，掌握园林植物施工工艺流程与施工
项目的工程量计算规则，建议课外布置作业，要求完成某绿化工程施工图设
计，并根据图纸内容完成造价预算（图 2-21）。

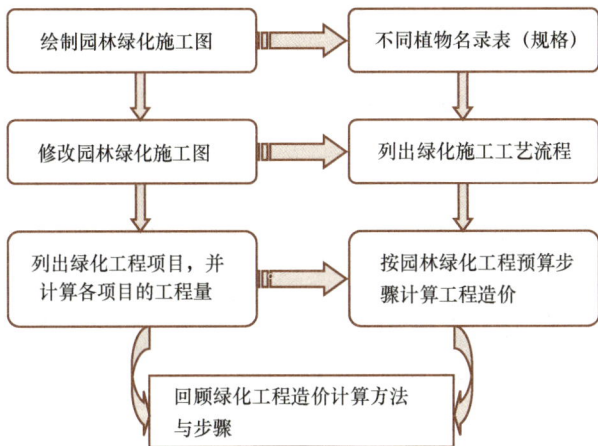

图 2-21　绿化预算巩固训练

具体要求如下：
- 绘制园林绿化工程施工图，要求在图纸中体现不同类型植物的种植设计。
- 按照施工工艺流程列出园林绿化工程预算项目。
- 按照施工工艺流程进一步补充绿化施工图内容，明确施工图的要求。
- 根据自己设计的图纸内容，按照园林绿化工程预算步骤要求计算工程
造价。进一步巩固绿化预算任务。

知识拓展

■ 园林绿化工程项目划分

收集当地预算定额，仔细阅读定额中的园林绿化工程工程量计算规则。

园林绿化工程分为三个分部工程：绿化工程；园路、园桥、假山工程；园林景观工程。每个分部工程分为若干个子分部工程，每个子分部工程又分为若干个分项工程。每个分项工程有一个项目编码。园林绿化工程的分部工程名称、子分部工程名称、分项工程名称见表 2-9，分项工程的项目编码在分项工程工程量计算表中列出。

表 2-9　园林绿化工程分部分项工程名称

分部工程	子分部工程	分项工程
绿化工程	绿地管理	伐树、挖树根；砍挖灌木丛；挖竹根；挖芦苇根；清除草皮；整理绿化用地；屋顶花园基底处理
	栽植花木	栽植乔木；栽植竹类；栽植棕榈类；栽植灌木；栽植绿篱；栽植攀缘植物；栽植色带；栽植花卉；栽植水生植物；铺种草皮；喷播植草
	绿地喷灌	喷灌设施
园路、园桥、假山工程	园路桥工程	园路；路牙铺设；树池围牙、盖板；嵌草砖铺装；石桥基础；石桥墩、石桥台；拱旋石制作、安装；石旋脸制作、安装；金刚墙砌筑；石桥面建筑；石桥面檐板；仰天石、地伏石；石塑柱；栏杆、扶水；栏板、撑鼓；木质步桥
	堆塑假山	建筑土山丘；堆砌石假山；塑假山；石笋；点风景石；池石、盆景山；山石护角；山坡石台阶
	驳岸	石砌驳岸；原木桩驳岸；散铺砂卵石护岸（自然护岸）
园林景观工程	原木、竹构件	原木（带树皮）柱、梁、檩、椽；原木（带树皮）墙；树枝吊挂楣子；竹柱、梁、檩、椽、竹编墙
	亭廊屋面	草屋面；竹屋面；树皮屋面；现浇混凝土斜屋面板；现浇混凝土攒尖亭屋面板；就位预制混凝土攒尖亭屋面板；就位预制混凝土穿顶；彩色压型钢板（夹心板）攒尖亭屋面板；彩色压型钢（夹心板）穿顶
	花架	现浇混凝土花架柱、梁；预制混凝土花架柱、梁；木花架柱、梁；金属花架柱、梁
	园林桌椅	木制飞来椅；钢筋混凝土飞来椅；竹制飞来椅；现浇混凝土桌凳；预制混凝土桌凳；石桌石凳；塑树根桌凳；塑树节椅；塑料、铁艺、金属椅
	喷泉安装	喷泉管道；喷泉电缆；水下艺术装饰灯具；电气控制柜
	杂项	石灯；塑仿石音响；塑树皮梁、柱；塑竹梁、柱；花坛铁艺栏杆；标志牌；石浮雕、石镌字；砖石砌小摆设（砌筑果皮箱、放置盆景的须弥座等）

自我评价

评价项目	技术要求	分值	评分细则	评分记录
园林绿化工程施工图识图	快速了解图纸内容　明确绿化工程结构与施工工艺流程　掌握园林植物材料规格	20	图纸不熟悉，未能全面理解者扣3～5分　不能较快地说明园林植物施工工艺流程者扣5～10分　园林植物材料不明确者扣3～5分	

评价项目	技术要求	分值	评分细则	评分记录
园林绿化工程综合单价与合价的计算	分析绿化工程结构，结合定额项目划分，快速进行工程项目划分 根据划分项目查找相关定额，并套好定额 按照工程量计算规则计算工程量 根据量与价计算园林绿化工程综合单价与合价	30	不能快速结合施工工艺进行工程项目划分者扣 3~5 分 工程项目与相关定额项目不匹配者扣 1~10 分 工程量计算不准确或不符合计算规则者扣 1~10 分 人材机换算不规范者扣 3~5 分 园林植物主材未计算入内者扣 5~10 分	
园林绿化工程造价计算	取费基数的确定 明确各项费用的组成与费率的确定 能根据造价的合理性进行预算审核	20	取费基数选择错误者扣 3~5 分 各项费用选择不全面者扣 5~10 分 工程造价不合理者扣 5~10 分	
园林绿化工程预算步骤的总结	能通过讨论总结归纳出工程造价预算步骤，会计算园林绿化工程工程造价	30	步骤不全面或程序错误者扣 5~10 分 工程量计算不规范者扣 5~10 分 各项费用选择错误或不全面者扣 5~10 分 工程造价不合理者扣 5~10 分	

任务 2.5　园路工程及其他景观小品工程预算

【学习目标】

1. 能根据园路工程施工工艺流程熟练列出园路工程项目。
2. 能按照园路工程定额项目的组成将工程项目与定额内容相匹配，正确套用预算定额，完成工程直接费计算表。
3. 明确园路工程造价的组成，掌握各种费用的计算方法；会根据直接费计算表按照工程造价计算顺序计算园路工程造价。
4. 以园路工程预算方法迁移训练其他景观小品的预算编制。

【任务分析】

本任务主要是根据招标文件提供的园林工程图纸内容，熟练分析并写出园路工程的项目组成，按照工程计价规范计算出园路工程造价。

任务分析中要明确造价的组成部分，理解相互间的计算关系，明确计算过程中的数据来源。

学习过程中要理解各种费用的组成部分，从实际操作过程中总结归纳具体的园林工程项目预算程序，并运用于其他景观小品工程预算中。

编制园路工程
预算（微课）

【思政融入提示】

通过园路工程造价的预算编制训练，提高学生看图识图能力，增强参与园林工程实践的愿望。在园路工程结构和施工工艺流程的讲解中，培养学生劳动光荣意识和热爱劳动的品质。

基础知识

1. 园路操作规程

1）园路包括垫层和面层，垫层缺项可按楼地面工程相应项目定额执行，其合计工日乘系数 1.10，对块料面层中包括的砂浆结合层或铺筑用砂的数量不作调整。

2）如果是用路面同样材料铺的路沿或路牙，其工料、机械台班费已包括在定额内，如用其他材料或预制块铺，按相应项目定额另行计算。

2. 园路工程量计算规则

园路土基整理路床工作内容：厚度在 30cm 以内挖、填土、找平、夯实、整修、弃土 2m 以外。

园路土基整理路床工程量，按整理路床的面积计算，计量单位为 $10m^2$。

园路基础垫层工作内容：筛土、浇水、拌和、铺设、找平、灌浆、振实、养护。

园路基础垫层工程量，按不同垫层材料，以基础垫层的体积计算，计量单位为 m^3。基础垫层体积按垫层设计宽度两边各放宽 5cm 乘以垫层厚度计算。

园路面层工作内容：放线、整修路槽、夯实、修平垫层、调浆、铺面层、嵌缝、清扫。

园路面层工程量，按不同面层材料、面层厚度、面层花式，以面层的铺设面积计算，计量单位为 $10m^2$。

工作步骤

园路工程及其他景观小品工程预算方法如下：

1）根据招标文件提供的图纸内容，读图整理出其中的园路工程图纸。

2）根据园路工程结构的不同进行分类，列出各种类型园路工程具体项目。

3）结合预算定额分别填入"分部分项工程工程量计算表"，然后按照工程量计算规则计算各种不同类型园路的工程量，分别汇总工程直接费与人工机械费。

4）按照计算顺序计算每一条园路工程总造价。

5）造价得出后，进行讨论总结，总结归纳出园路工程造价计算的程序。

其具体操作的步骤如下：

读图 ⇒ 归类 ⇒ 读详图 ⇒ 列项目 ⇒ 计算工程量 ⇒ 套定额 ⇒

计算直接费 ⇒ 取费获得总造价

【项目案例】　图 2-22 为"湘甬无二"公园中卵石园路的结构图，园路长度为 100m，宽 1.5m，请计算该园路的定额直接费。按市区甲类投资三类园林工程取费，则园路的造价为多少？写出具体步骤，并列出表格。

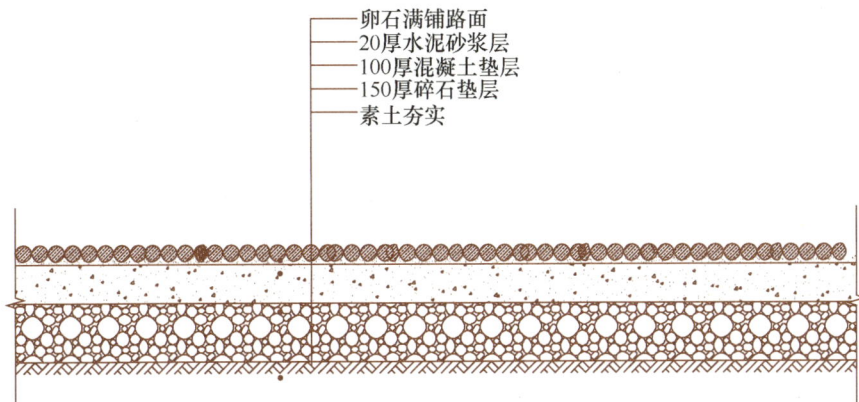

卵石满铺路面
20厚水泥砂浆层
100厚混凝土垫层
150厚碎石垫层
素土夯实

图 2-22　园路的结构图

分析思路 如图 2-23 所示。

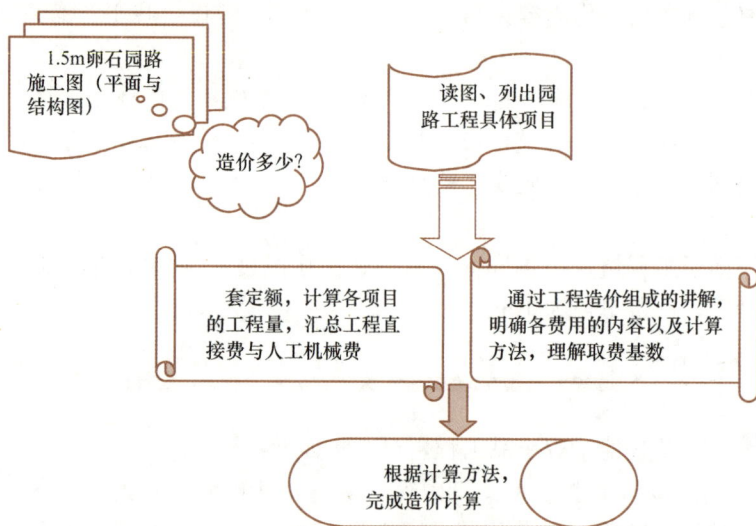

图 2-23 园路造价计算分析思路

解 步骤如下：

步骤一：收集资料，即设计图纸、定额、取费标准、其他有关文件。

步骤二：熟悉工程概况，分析图纸结构，结合定额项目划分。

可将工程项目划分为：

- 园路土基，整理路床。
- 碎石垫层。
- 混凝土垫层。
- 卵石满铺面层。

步骤三：根据定额计算规则，计算工程量（表 2-10）。

表 2-10 工程量计算表

工程名称："湘甬无二"公园卵石园路工程　　　　　　　　　　　　　　　　年　　月　　日

序号	项目说明	单位	工程数量	计算式
1	园路土基，整理路床	$10m^2$	16	$100×(1.5+0.05×2)$
2	碎石垫层	m^3	24	$100×(1.5+0.05×2)×0.15$
3	混凝土垫层	m^3	16	$100×(1.5+0.05×2)×0.10$
4	卵石满铺面层	$10m^2$	15	$100×1.5$

步骤四：根据预算定额计算定额直接费和人工、材料用量（表 2-11 和表 2-12）。

表 2-11　工程预算表

单位（专业）工程名称：单位工程-"湘甬无二"公园卵石园路工程　　　　　　第 1 页共 1 页

序号	编号	名称	单位	数量	单价/元	单价组成			合价/元
						人工费/元	材料费/元	机械费/元	
		卵石园路							34 047.99
1	2-2	整理路床机械打夯	10m²	16.000	29.44	11.88	0.00	17.56	471.04
2	2-5	垫层碎石	10m³	2.400	2 186.20	549.86	1 636.34	0.00	5 246.88
3	2-6	垫层混凝土现浇 现拌混凝土 C15（40）	10m³	1.600	4 251.20	1370.52	2 841.24	39.44	6 801.92
4	2-34	干砌卵石面	10m²	15.000	1 435.21	672.57	762.64	0.00	21 528.15
		施工技术措施							
1	17-1	混凝土垫层	100m²	0.200	3 976.69	2 154.50	1 730.50	91.69	795.34
		本页小计							34 843.33
		合计							34 843.33

表 2-12　人工与主要材料价格表

单位（专业）工程名称：单位工程-"湘甬无二"公园卵石园路工程　　　　　　第 1 页共 1 页

序号	材料编码	材料（设备）名称	规格、型号等	单位	数量	单价/元	合价/元
1	0001110003	二类人工		工日	102.156	135	13 791.06
2	0001110005	三类人工		工日	2.780	155	430.90
3	0401120021	普通硅酸盐水泥	PO 42.5 综合	kg	3 296.640	0.34	1 120.86
4	0403120009	黄砂	净砂	t	33.653	92.23	3 103.82
5	0405120119	碎石	综合	t	19.649	102	2 004.20
6	0405120145	碎石	40～60	t	38.280	102	3 904.56
7	0405120215	园林用卵石	200～400	t	78.000	124	9 672.00
8	3411120015	水		m³	10.938	4.27	46.71
9	3501120043	木模板		m³	0.221	1 445	319.35
10	8021160017	现浇现拌混凝土	C15（40）	m³	16.320	276.46	4 511.83
		合计					38 905.29

步骤五：根据本地区的园林工程取费标准和工程费用计算程序计算各项费用。

汇总得出园路总造价（表 2-13）。

表 2-13 单位（专业）工程费用表

工程名称：单位工程-"湘甬无二"公园卵石园路工程   第 1 页共 1 页

序号	费用名称	计算公式	金额 /元	备注
1	分部分项工程费	Σ（分部分项工程量×综合单价）	34 047.99	
2	措施项目费	（2.1+2.2）	1 770.84	
2.1	施工技术措施项目费	Σ（技措项目工程量×综合单价）	795.34	
2.2	施工组织措施项目费	（人工费+机械费）×6.69%	975.50	
3	企业管理费	（人工费+机械费）×18.51%	2 699.02	
4	利润	（人工费+机械费）×11.07%	1 614.17	
5	其他项目费	（5.1+5.2+5.3+5.4）		
5.1	暂列金额			
5.2	暂估价			
5.3	计日工	Σ计日工（暂估数量×综合单价）		
5.4	施工总承包服务费			
6	规费	（人工费+机械费）×9.191%	1 340.18	
7	税金	（1+2+3+4+5+6）×9%	3 732.50	
	投标报价合计	1+2+3+4+5+6+7	45 204.70	

步骤六：审核。工程造价计算出来后，还应该从造价的合理性方面对预算过程进行检查审核，确定工程造价。

步骤七：由园路工程预算进一步迁移说明其他景观要素造价计算的程序。

其他园林小砌体工程预算（收集资料、小砌体工程量计算规则与计算方法、套定额、计算直接费、造价计算、审核）的内容，通过该任务的巩固训练进行学习实践。

巩固训练

编制园林小砌体工程预算（微课）

1）图 2-24 为"湘甬无二"公园中园路一平面布置图与结构图，请根据图纸内容，计算园路一的工程造价。

（请完成园路一造价预算，取费全取中值，管理费 14%，利润取 10%。）

2）图 2-25 为"湘甬无二"公园中的园林花坛结构图，请根据图纸内容，对照园路工程造价预算的工作步骤计算出该花坛的工程造价。

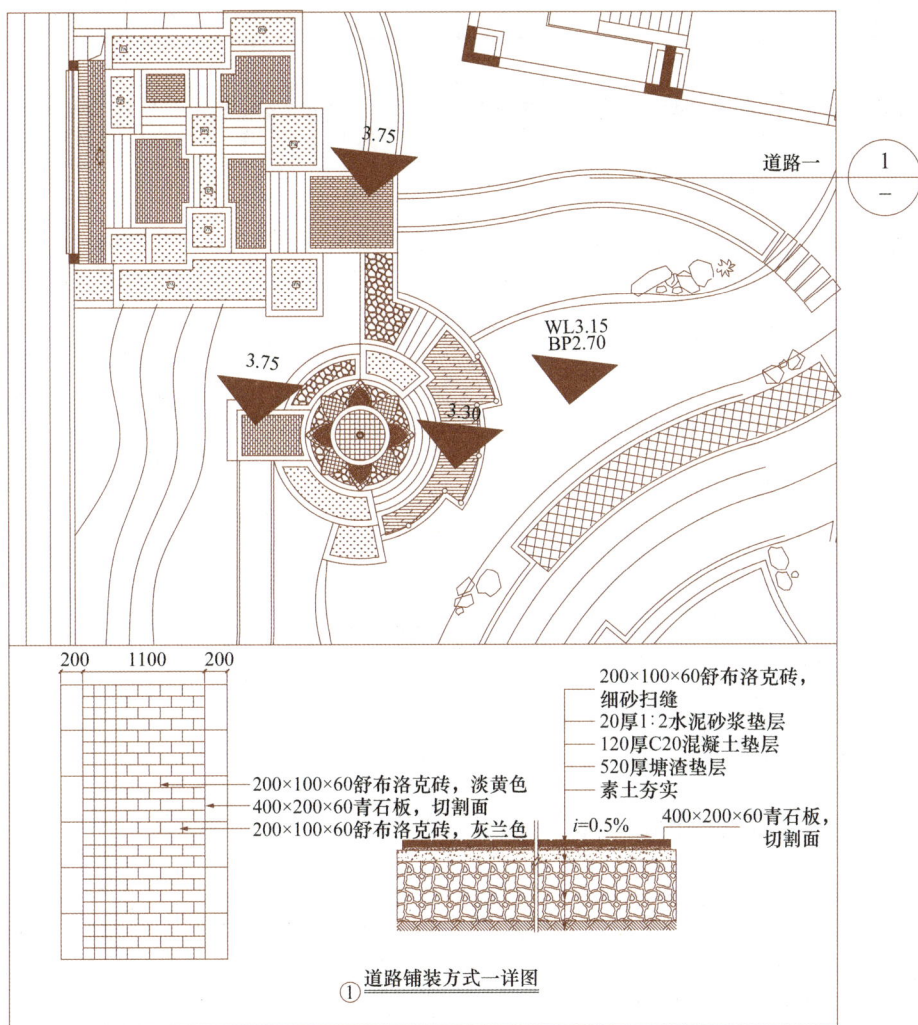

道路一

200×100×60舒布洛克砖，
细砂扫缝
20厚1:2水泥砂浆垫层
120厚C20混凝土垫层
520厚塘渣垫层
素土夯实

200×100×60舒布洛克砖，淡黄色
400×200×60青石板，切割面
200×100×60舒布洛克砖，灰兰色

$i=0.5\%$

400×200×60青石板，切割面

① 道路铺装方式一详图

图 2-24 园路一平面布置图与结构图

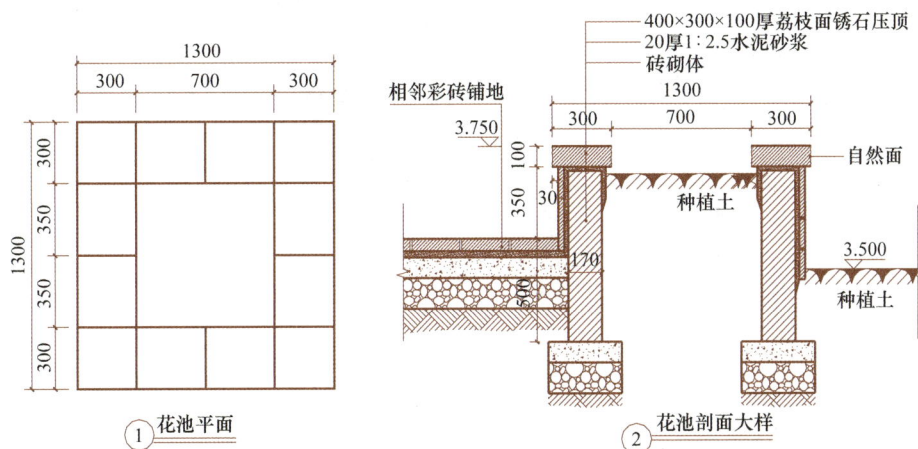

相邻彩砖铺地

400×300×100厚荔枝面锈石压顶
20厚1:2.5水泥砂浆
砖砌体

自然面
种植土
种植土

① 花池平面

② 花池剖面大样

图 2-25 园林花坛结构图

知识拓展

关于各类园林景观工程量计算规则详见《园林绿化工程工程量计算规范》（GB 50858—2013）。

自我评价

评价项目	技术要求	分值	评分细则	评分记录
园路工程施工图识图	快速了解图纸内容 明确园路工程结构与施工工艺流程 掌握面层材料规格	20	图纸不熟悉，未能全面理解者扣3~5分 不能较快地列出园路工程结构者扣5~10分 园路面层结构与材料不明确者扣3~5分	
园路工程直接费计算	分析图纸结构，结合定额项目划分，快速进行工程项目划分 根据划分项目查找相关定额，并套好定额 按照工程量计算规则计算工程量 根据量与价计算园路工程直接费与人材机消耗量	30	不能快速进行工程项目划分者扣5分 工程项目与相关定额项目不匹配者扣1~10分 工程量计算不准确或不符合计算规则者扣1~10分 人材机换算不规范者扣3~5分	
园路工程造价计算	取费基数的确定 明确各项费用的组成与费率的确定 能根据造价的合理性进行预算审核	20	取费基数选择错误者扣3~5分 各项费用选择不全面者扣5~10分 工程造价不合理者扣5~10分	
园林工程预算迁移能力	能按照各类景观项目工程造价预算步骤计算不同园林景观工程造价	30	步骤不全面或程序错误者扣5~10分 工程量计算不规范者扣5~10分 各项费用选择错误或不全面者扣5~10分 工程造价不合理者扣5~10分	

任务 2.6　编制综合性庭院园林景观工程造价

【学习目标】

通过招标项目"湘甬无二"公园分区-园林景观工程（图 2-26）造价的计算，将前面所学的分散性知识进行归纳汇总，将园林工程项目中的四个分部工程内容融合在一起，完成一项整体工程项目的预算。目标是通过该任务全面掌握园林工程预算的工作内容、工作步骤、工作方法，并能将知识迁移到实际工作中。

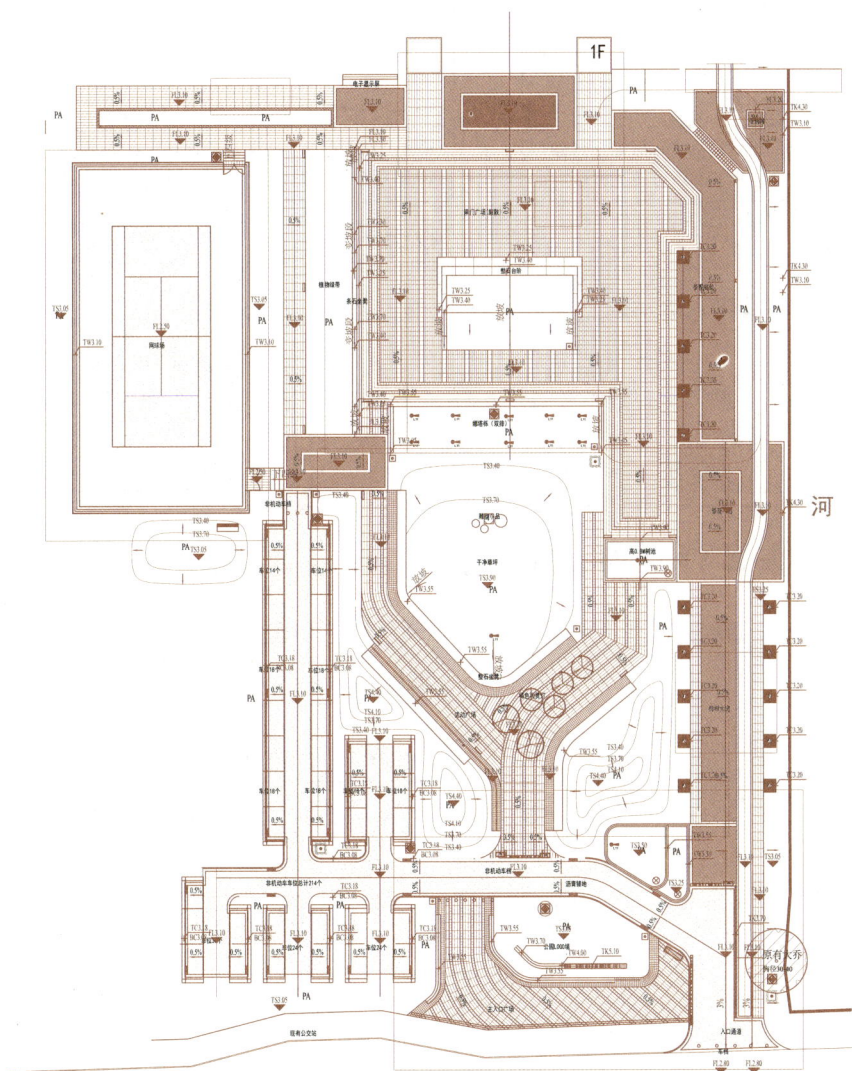

图 2-26　"湘甬无二"公园分区-园林景观平面图

【任务分析】

该任务为典型园林景观工程造价预算，包含园林绿化、园林铺装、园路、园桥工程、园林水景及小品工程等分部工程，要求学习者按照园林工程预算工作步骤，结合不同分部工程工程量计算规则，分别完成各分部工程项目的工程项目内容编制与工程量计算，最后计算出整个区域园林景观工程造价（图 2-27）。

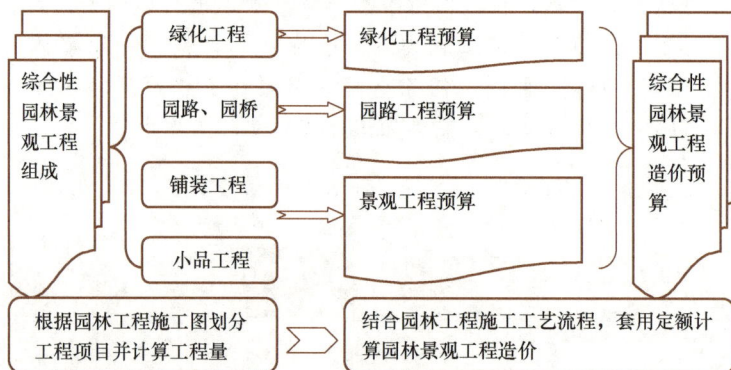

编制综合性庭院
园林工程造价
（微课）

图 2-27　任务分解步骤

【思政融入提示】

通过分部分项工程预算汇总出园林工程预算的主要步骤，将有依据、有现场、有规则、有定额、有指标等项目要求融入每一步中，将守正、守信、守法、守时的品质，通过预算程序的讲解，不断灌输到实际操作中，从而逐步提高学习者的世界观和价值观。

工作步骤

编制园林工程预算一般需要经过以下步骤：

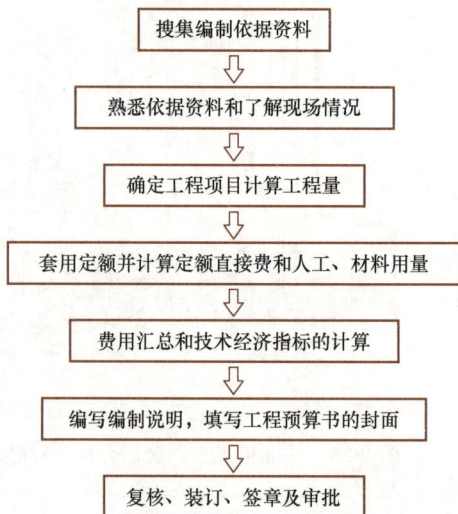

搜集编制依据资料
↓
熟悉依据资料和了解现场情况
↓
确定工程项目计算工程量
↓
套用定额并计算定额直接费和人工、材料用量
↓
费用汇总和技术经济指标的计算
↓
编写编制说明，填写工程预算书的封面
↓
复核、装订、签章及审批

第一步，收集与招标内容相关的编制工程预算各类依据资料。

这些资料包括预算定额、材料预算价格、机械台班费、工程施工图及有关文件等。

第二步，熟悉公园施工图纸和施工说明书。

设计图纸和施工说明书是编制工程预算的重要基础资料，它为选择套用定额子目、取定尺寸和计算各项工程量提供重要的依据。因此，在编制预算之前，必须对设计图纸和施工说明书进行全面细致的熟悉和审查，从而掌握及了解设计意图和工程全貌，以免在选用定额子目和工程量计算上发生错误。对图中的疑点差错要与设计单位、建设单位协商解决取得一致意见。

第三步，熟悉施工组织设计和了解现场情况。

施工组织设计是由施工单位根据工程特点施工现场的实际情况等各种有关条件编制的，它是编制预算的依据。同时，还应深入施工现场，了解土质、排水、标高、地面障碍物等情况。这样在编制时才能做到项目齐全、计量准确。

第四步，学习并掌握好工程预算定额及其有关规定。

为了提高工程预算的编制水平，正确地运用预算定额及其有关规定，必须认真地熟悉现行预算定额的全部内容，了解和掌握定额子目的工程内容、施工方法、材料规格、质量要求、计量单位、工程量计算规则等，以便能熟练地查找和正确地应用。

第五步，确定工程项目计算工程量。

工程项目的划分及工程量计算，必须根据设计图纸和施工说明书提供的工程构造，设计尺寸和做法要求，结合施工现场的施工条件，按照预算定额的项目划分，工程量的计算规则和计量单位的规定，对每个分项工程的工程量进行具体计算。

> **特别提示**
>
> 工程量计算是工程预算编制工作中最繁重、最细致的重要环节，工程量计算的正确与否将直接影响预算的编制质量和速度。

第一分步，确定工程项目。

在熟悉施工图纸及施工组织设计的基础上，要严格按定额的项目确定工程项目。为了防止多项、漏项的现象发生，在编项目时应将工程分为若计算工程量主要是把设计图纸的内容转化成按定额的分项工程项目划分的工程数量。工程量是编制预算的基本数据，直接关系到工程造价的准确性。应根据确定的工程项目名称依据预算定额规定的工程量计算规则，依次计算出各分项工程量，填入表 2-14 中。

表 2-14　工程量计算表

工程名称：　　　　　　　　　　　　　　　　　　　　　　年　　　月　　　日

序号	项目说明	单位	工程数量	计算式

注意事项

在计算工程量时，应注意以下几点：

1) 在根据施工图纸和预算定额确定工程项目的基础上，必须严格按照定额规定和工程量计算规则，以施工图所注位置与尺寸为依据进行计算，不能人为地加大或缩小构件尺寸。

2) 计算单位必须与定额的计算单位相一致才能准确地套用预算定额中的预算单价。

3) 取定的尺寸要准确，而且要便于核对。

4) 计算底稿要整齐，数字清楚，数值要准确，切忌草率凌乱，辨认不清；对数字精确度的要求，工程量算至小数点后两位，钢材、木材及使用贵重材料的项目可算至小数点后三位，余数四舍五入。

5) 要按照一定的计算顺序计算，为了便于计算和审核工程量，防止遗漏或重复计算，计算工程量时，除了按照定额项目的顺序进行计算外，也可以采用先外后内或先横后竖等不同的计算顺序。

6) 利用基数，连续计算。有些"线"和"面"是计算许多分项工程的基数，在整个工程量计算中要反复多次地进行运算，在运算中找出共性因素，再根据预算定额分项工程量的有关规定找出计算过程中各分项工程量的内在联系就可以把烦琐工程进行简化，从而迅速准确地完成大量的工程量计算工作。

第六步，编制工程预算书。

1) 正确套用定额并计算定额直接费和人工、材料用量。把确定的分项工程项目及其相应的工程数量抄入工程预算表中，然后从地区统一定额中套用相应的分项工程项目，并将其定额编号、计量单位、预算定额基价及其中的人工费、材料费、机械费填入表 2-15 中。将工程量和单价相乘汇总，即得出分项工程的定额直接费，最后将各分项工程定额直接费填入表 2-16 中即得出定额直接费。人工与主要材料的定额用量分别与工程量相乘即得到人工和材料用量，填入表 2-17 中，以便计算人工与材料价差。

表 2-15　分项工程预算表

工程名称：　　　　　　　　　　　　　　　　　　　　　　　　　年　　月　　日

序号	定额编号	工程项目	工程量		造价/元		其中			备注
			单位	数量	单价	合价	人工费/元	材料费/元	机械费/元	

表 2-16　工程直接费汇总表

工程名称：　　　　　　　　　　　　　　　　　　　　　　　　　年　　月　　日

序号	分部工程项目	直接费合计/元	其中		
			人工费/元	材料费/元	机械费/元

表 2-17　人工与主要材料统计表

工程名称：　　　　　　　　　　　　　　　　　　　　　　　　　年　　月　　日

序号	定额编号	工程项目	工程量	人工		材料名称	

　　填写预算单价时，要严格按照预算定额中的子目及有关规定进行，使用单价要正确，每一分项工程的定额编号、工程项目名称、规格、计量单位、单价均应与定额要求相符，要防止错套，以免影响预算的质量。

2）费用汇总。定额直接费确定后，根据与该地区园林工程预算定额相配套的费用定额（取费标准），以定额直接费或人工费为基数，计算出其他直接费、间接费、利润和税金等，最后汇总出工程总造价。计算顺序按"工程费用计算程序表"（表 2-18 和表 2-19）进行。计算费用时，一定要正确掌握计算顺序，取费基数和费率。

表 2-18 综合单价法计价的工程费用计算程序

序号	费用项目		计算方法
一	分部分项工程量清单项目费		$\sum$（分部分项工程量清单×综合单价）
	其中	1. 人工费	
		2. 机械费	
二	措施项目清单费		（一）+（二）
	（一）施工技术措施项目清单费		$\sum$（技术措施项目清单×综合单价）
	其中	1. 人工费	
		2. 机械费	
	（二）施工组织措施项目清单费		$\sum[($一+二+三+四$)$×费率]
三	其他项目清单费		按清单计价要求计算
四	规费		（一+二）×相应费率
五	税金		（一+二+三+四）×相应费率
六	建设工程造价		一+二+三+四+五

注：本表是以人工费加机械费为计算基数的工程费用计算程序表。

表 2-19 工料单价法计价的工程费用计算程序

序号	费用项目		计算方法
一	直接工程费		$\sum$（分部分项工程量×工料单价）
	其中	1. 人工费	
		2. 机械费	
二	施工技术措施费		$\sum$（措施项目工程量×工料单价）
	其中	1. 人工费	
		2. 机械费	
三	施工组织措施费		$\sum[($一+二+三+四$)$×相应费率]
四	综合费用		（一+二+三+四）×相应费率
五	规费		（一+二+三+四）×相应费率
六	总承包服务费		分包项目工程造价×相应费率
七	税金		（一+二+三+四+五+六）×相应费率
八	建设工程造价		一+二+三+四+五+六+七

注：本表是人工费加机械费为计算基数的工程费用计算程序表。

第七步，编写"工程预算书的编制说明"，填写工程预算书的封面。

预算说明的内容包括以下方面：

- 图纸依据。
- 采用定额。
- 工程概况。
- 计算过程中图纸不明确之处，如何处理。
- 补充定额和换算定额的说明。
- 建设单位供应的加工半成品的预算处理。
- 其他必须说明的有关问题等。

工程预算书的封面通常需要填写的内容包括工程编号及名称、建设单位名称、施工单位名称、建设规模、工程预算造价、编制单位及日期、编制人及其资格章等。

第八步，复核、装订、签章及审批。

复核是指一个工程预算编制出来后，由本企业的有关人员对所编制预算的主要内容及计算情况进行一次检查核对，以便及时发现可能出现的差错并及时纠正，提高工程预算准确性。

工程预算审核无误后把预算封面、编制说明、工程预算表按顺序编排装订成册，请有关人员审阅、签字、加盖公章后，报上级机关批准，送交建设单位和建设银行审批。

🌲 巩固训练

1. 训练要求

通过"湘甬无二"公园分区-园林工程施工图预算训练，熟悉园林工程工程量的计算，进一步掌握施工图预算编制的依据与步骤。

2. 训练用具与材料

笔、纸、计算器、园林施工图纸与设计说明、园林工程预算定额与费用定额、材料信息价等。

3. 训练内容

1）园林工程量的计算。
2）园林工程预算定额与费用定额的查阅与运用。
3）编制分区-园林工程施工图预算文件。

4. 训练步骤

1）收集编制工程预算各类依据资料。

2）熟悉施工图纸和施工说明书。

3）熟悉施工组织设计和了解现场情况。

4）学习并掌握好工程预算定额及其有关规定。

5）确定工程项目计算工程量。

6）编制工程预算书。

正确套用定额并计算定额直接费和人工、材料用量。

计算出其他直接费、间接费、利润和税金等，最后汇总出工程总造价。

7）编写"工程预算书的编制说明"，填写工程预算书的封面。

8）复核、装订、签章及审批。

5. 训练报告

按照格式要求编制一份完整的园林工程施工图预算。

知识拓展

■ 园林绿化工程预算的依据

在工程预算编制之前，需要准备以下依据资料：

1）经过会审批准的施工图纸、标准图、通用图等有关资料。这些资料规定了工程的具体内容、结构尺寸、技术特性、规格、数量，是计算工程量和进行预算的主要依据。

2）园林工程预算定额、地区材料预算价格及有关材料调价的规定、人工工资标准、施工机械台班单价，这些资料是计价的主要依据。

3）施工组织设计。施工组织设计是确定单位工程施工方法主要技术措施以及现场平面布置的技术文件，经过批准的施工组织设计，也是编制工程预算不可缺少的依据。

4）园林工程费用定额以及其他有关取费文件。

5）预算工作手册，手册中包括各种单位的换算比例，各种形体的面积、体积公式，金属材料的比重，各种混合材料的配合比，以及相关材料手册、五金手册、木材材积表等资料，有了这些资料，可加快工程量计算的速度，提高工作效率和准确程度。

6）国家及地区颁发的有关文件。国家或地区各有关主管部门制定颁发的有关编制工程预算的各种文件和规定，如人工与材料的调价、新增某种取费项目的文件等，都是编制工程预算时必须遵照执行的依据。

7）甲乙双方签订的合同或协议书。

自我评价

评价项目	技术要求	分值	评分细则	评分记录
园林典型庭院园林景观工程施工图识图	快速了解图纸组成，明确整套图纸的内容 明确图纸主要组成部分、施工工艺流程 掌握工程图纸中所用到的全部主要材料的类型、规格以及市场信息等	20	图纸不熟悉，未能全面理解者扣3～5分 不能较快地列出各类园林景观工程结构者扣5～10分 各类景观结构与材料不明确者扣3～5分	
典型庭院园林景观工程施工图工程项目划分与工程量计算	分析工程图结构，结合定额项目划分，快速进行工程项目划分 根据划分项目查找相关定额，并套好定额 按照工程量计算规则计算工程量	30	不能快速进行工程项目划分者扣5分 工程项目与相关定额项目不匹配者扣1～10分 工程量计算不准确或不符合计算规则者扣1～10分 人材机换算不规范者扣3～5分	
典型庭院园林景观工程造价计算	园林景观工程各分部分项工程项目定额消耗量与工程量的确定 明确各项费用的组成与费率的确定 能根据造价的合理性进行预算审核	20	园林工程预算步骤不清楚，工程项目不全面者扣3～5分 取费基数选择错误或各项费用选择不全面者扣3～5分 工程造价不合理者扣5～10分	
其他各类园林工程造价编制迁移能力	能按照各类景观项目工程造价预算步骤，计算不同园林景观工程造价	30	步骤不全面或程序错误者扣5～10分 工程量计算不规范者扣5～10分 各项费用选择错误或不全面者扣5～10分 工程造价不合理者扣5～10分	

项目3

园林工程工程量清单编制与计价

项目目标 ☞ | **知识目标**

通过本项目的学习，能够理解园林工程各预算软件的核心内容，明确软件工作原理。在软件使用过程中理解园林工程量清单及清单组价的概念，会运用预算软件编制园林工程量清单，根据园林工程量清单进行组价，编制园林工程工程量清单报价。

能力目标

1. 掌握软件操作基本程序，理解软件工作原理，能迁移到不同软件进行园林预算。
2. 会运用预算软件编制具体园林工程（含园路工程、园林绿化工程、园林景观工程等）的预算。
3. 会根据招标文件提供的园林景观工程图纸进行园林工程量清单编制并做好工程量清单报价。

🌲 工作任务

1. 熟悉园林工程预算软件。
2. 运用预算软件计算园林绿化工程造价。
3. 运用预算软件计算园路工程及其他景观工程造价。
4. 运用预算软件编制绿化工程工程量清单并报价。
5. 运用预算软件编制园路工程工程量清单并报价。
6. 园林工程工程量清单编制与计价。

> **特别提示**
>
> 全国各省市的预算软件都是与本省的定额相匹配的，本项目核心内容是让学习者掌握基本的方法，具体实践要结合当地实际进行。本项目以浙江省常用预算软件为例进行编写。

任务 3.1　熟悉园林工程预算软件

【学习目标】

通过本任务，掌握软件操作基本程序，理解软件工作原理，能迁移到不同软件进行园林预算，明确不同软件的相同核心内容，即园林工程预算程序是一致的。

【任务分析】

运用园林工程预算软件编制园林预算主要有三方面的内容：工料单价模板，主要应用于工料单价法计算工程造价的工程；综合单价非国标模板，用于综合单价报价的工程；综合单价模板，主要用于国标清单报价的工程。

各省市因地区园林工程预算定额不同，相应开发的预算软件内容也有所不同，应结合当地软件进行任务分解。

具体任务完成思路如图 3-1 所示。

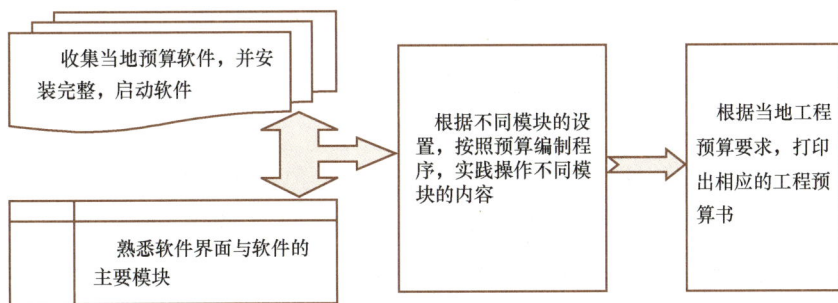

图 3-1　预算软件运用思路分析

【思政融入提示】

软件安装过程中经常会遇到正版、盗版等现象，通过学习正版软件的安装操作及存在的问题讨论，培养学生的法治意识；结合信息化工作的推进，以案说法，提升学生守法品质。

计算机预算软件在全国各省所用的都不同，但其基本操作都是由项目建立、套定额、工程量输入、定额换算、价格输入与修改、造价计算和打印输出等部分组成的。各个地区在本节教学过程中请根据该地区常用预算软件进行讲解。

预算软件一般都可以根据定额和规范的修改和补充而定期或不定期升级，以更好地反映园林工程预算的要求。

⚡ 工作步骤

园林工程预算软件使用步骤如下：

第一步，软件安装。

各省市都有相应的预算软件，请选择当地预算软件进行安装。

预算软件系统是存放在光盘中，要在您的计算机上运行，必须把系统安装在硬盘上。

首先安装预算软件程序，具体步骤如下：

> 1）拿出您购买软件时所附带的光盘，并将它放入光驱中。
>
> 2）双击电脑桌面上"此电脑"，双击光盘的图标。
>
> 3）双击进入相应软件文件夹，如"神机2003计价软件"。
>
> 4）双击setup.exe，出现一安装界面。
>
> 5）在出现的安装界面中根据提示单击"下一步"或"是"按钮。
>
> 6）选择软件安装的目录及相应的单机、网络版软件后，单击"下一步"按钮。
>
> 7）单击"完成"按钮后退出安装。

然后安装硬件加密锁。一般情况下，预算软件为了保护其知识产权，都设有一定的加密锁，软件安装后还要将其安装。具体步骤如下：

- 将加密锁插入主机的任一 USB 接口。
- 等待片刻，计算机右下角提示发现新硬件，再等到计算机提示新硬件可以使用了，即安装完成。

注意，为了保证安装的方便性，请仔细阅读预算软件的安装说明，按照程序进行安装。

第二步，预算软件的启动与退出。

1）启动。

方法一：双击桌面的图标进入。

方法二：单击"开始/程序/园林预算软件"进入。

方法三：通过路径找到软件安装的目录，进入后找出预算软件运行图标，双击进入。

2）退出。为了保护您的工程信息，必须先关闭工程，才能退出软件。

方法：先单击右上角的按钮"×"（第二行的），再单击右上角的按钮

"×"（第一行的）。

第三步，软件基本操作。

各省预算软件不同界面也不完全一样，本书以浙江省常用的预算软件为例介绍如下。

知识拓展

■ 预算软件基本操作流程

第一步，新建工程项目。

选择菜单文件下的"新建"或者单击工具栏上的"新建"按钮。

（1）项目信息设置

可在如图 3-2 所示的界面中设置项目信息。

图 3-2　项目信息设置界面

1）选择计税方式：营业税、增值税（一般计税）、增值税（简易计税）。

2）选择工程性质：清单计价的招标、清单计价的投标、定额计价的招标、定额计价的投标，如图 3-3 所示。

图 3-3　选择工程性质

3）输入项目名称：请输入工程的具体名称。

4）选择地区标准：请选择工程所在的地区。

5）选择文件路径：根据需要选择，软件会默认设置为软件所在位置。

完成后单击"下一步"按钮。

（2）计价依据设置

可在如图 3-4 所示的界面设置计价依据。

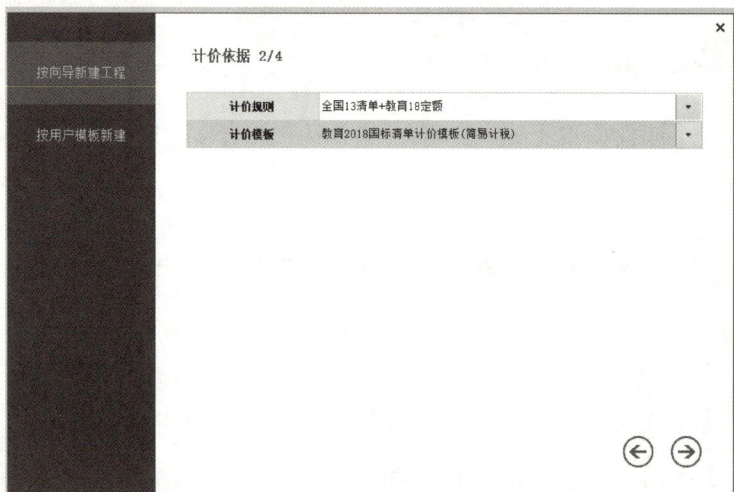

图 3-4 计价依据设置界面

1）选择计价规则：清单及定额的版本选择。

2）选择计价模板：一般已经有默认选择，如果不符合则自行选择。

3）选择接口标准：如果是电子招投标，则需要选择具体的接口，一般无须设置。

4）选择招标文件：如果是电子投标，则选择具体的招标文件，完成后，单击"下一步"按钮。

（3）计价结构设置

在如图 3-5 所示的界面中，可以对项目结构进行调整。如果是电子评标工程，则自动建立，且无法调整。完成后，单击"下一步"按钮。

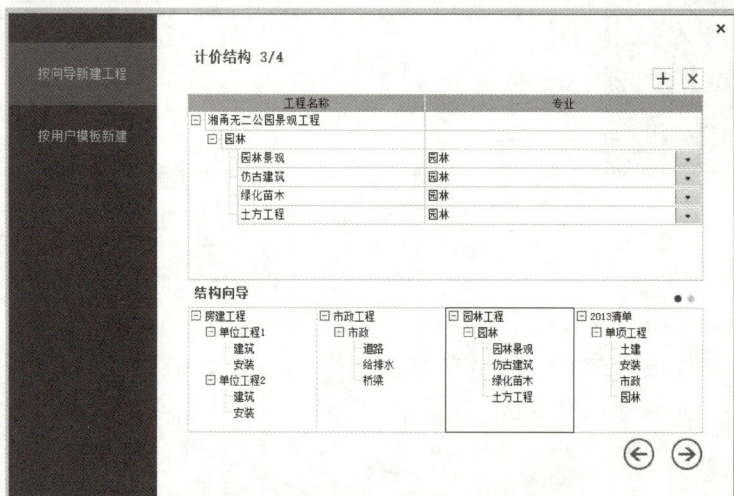

图 3-5 计价结构设置界面

（4）完成新建

在如图 3-6 所示的界面可以进行工程整体信息的展示，如果没有问题则单击 ok 按钮。

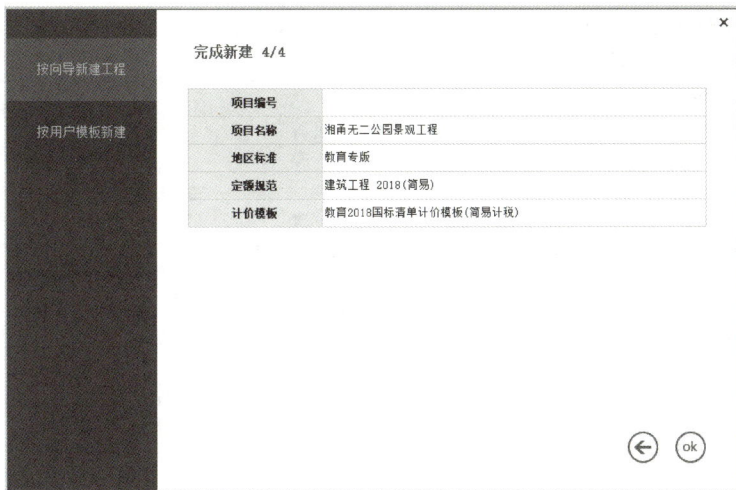

图 3-6　完成新建界面

第二步，费率设置。

1）手工直接输入。选中需要输入费率的位置，可以手工直接输入数值，如图 3-7 所示。

2）下拉选择费率。单击费率后面的按钮则会出现下拉选项，根据需要选择即可，如图 3-8 所示。

图 3-7　手工直接输入费率

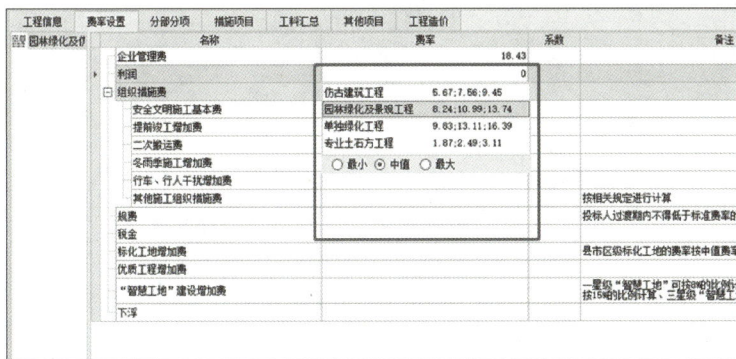

图 3-8　下拉选择费率

3）根据费率库双击输入。在费率窗口，选中某费率，此时下半个窗口自动定位到相应费率，之后双击则把费率进行自动填充。

第三步，分部分项输入。

可在如图3-9所示的界面进行分部分项输入。

图3-9 分部分项输入界面

A区：显示当前专业工程的分部，单击各分部可以快速定位到相应分部。

B区：为清单定额套用调整区域。

C区：为功能插页，具体介绍如下。

① 特征及指引：显示调整清单的项目特征，显示指引。

② 人材机明细：显示调整定额的人材机。

③ 单价构成：显示清单/定额的费用组成。

④ 工作内容：显示清单/定额的费用组成。

⑤ 工程量明细：输入清单或定额的统筹法计算式。

D区：根据B区不同而显示不同内容。

E区：为工具栏，此处的功能针对的是当前分部分项和技术措施。

第四步，措施项目输入。

措施项目基本和分部分项一样，不同的是，总价措施也显示在此界面，方便用户的查看及调整，如图3-10所示。

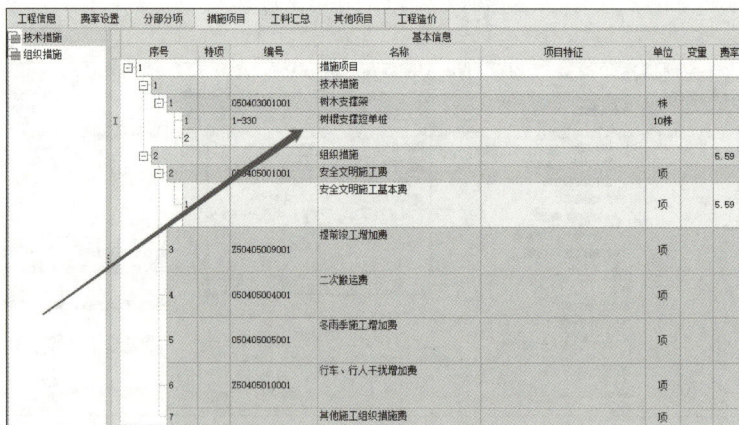

图3-10 措施项目输入界面

第五步，人材机输入与调整。

可在如图 3-11 所示的界面进行人材机的输入与调整。

A 区：人材机分类显示。

B 区：人材机市场价等内容的显示和调整。

C 区：为工具栏，此处的功能针对的是当前人材机。

D 区：材料信息价获取窗口。

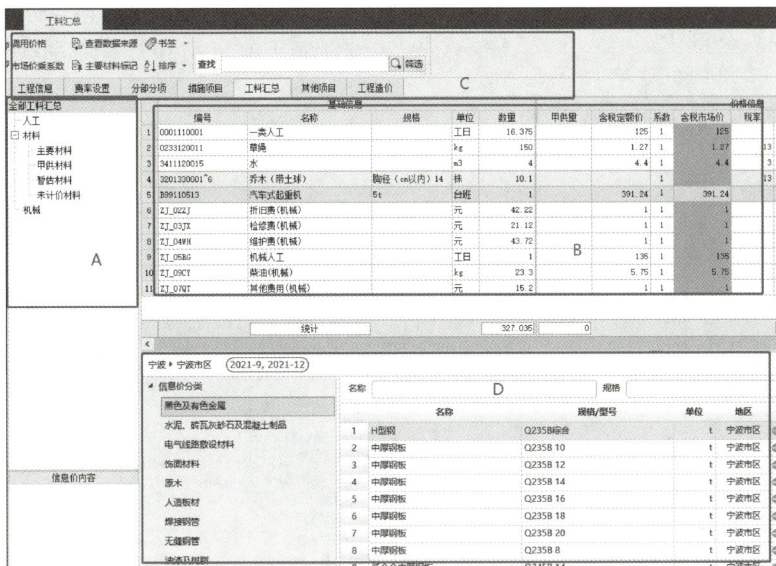

图 3-11　人材机输入与调整界面

第六步，查看费用，计算总造价。

任何时候，用户都可以在软件的左下角直观地看到各个节点的费用情况：点在项目节点，显示的为整个项目的相关费用；点在单位或者专业工程，则显示相应节点的费用，如图 3-12 所示。汇总后计算出工程总价。

图 3-12　查看费用界面

■ 工程量清单编制与组价操作流程

第一步，输入清单与定额。

请单击分部分项或者措施项目进行清单定额的输入。

（1）**手动输入清单**

手动输入清单的方法有以下几种。

1）智能联想输入：在编码位置输入清单或者定额的编码，则会出现智能联想的提示，根据逐步提示快速找到需要的清单定额。

我们举例说明，假设想套用园林景观工程中的布置景石单件重量 5t 以内定额：

步骤一：在园林专业工程的定额行输入"3"（假设知道园林景观工程是第 3 章，不过即使不知道没有关系，后续操作还可以修改），此时会出现所有章节，如图 3-13 所示，并定位到园林景观工程。

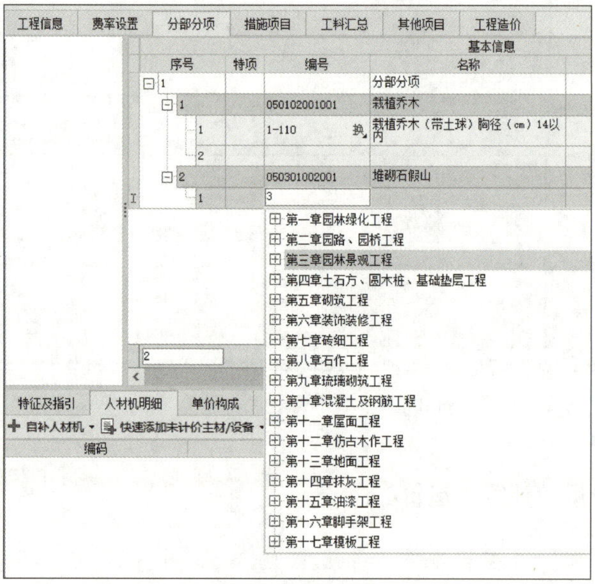

图 3-13　手动输入"3"

（注意：还可以通过键盘上的上下键选择其他章节。）

步骤二：输入横杠，此时会展开第三章内容，如图 3-14 所示（用键盘的回车也能达到同样效果）。

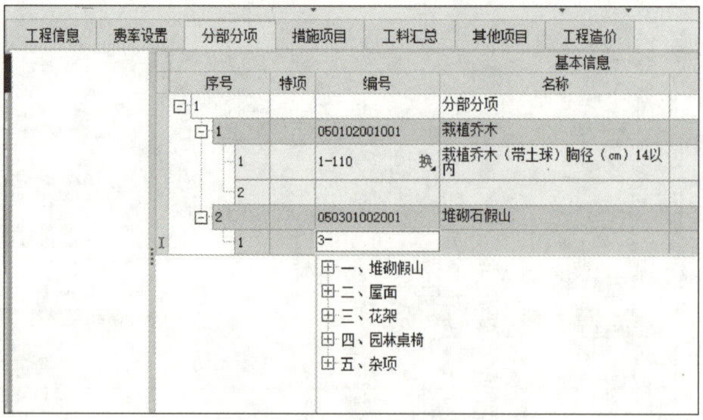

图 3-14　手动输入横杠

步骤三：使用键盘上的向下键，选中堆砌假山，按回车键，再展开则可以选择具体定额，然后按回车键即可。

同样，输入清单的编码也能达到一样的效果。在编码位置输入前 2 位，如输入"05"，如图 3-15 所示。

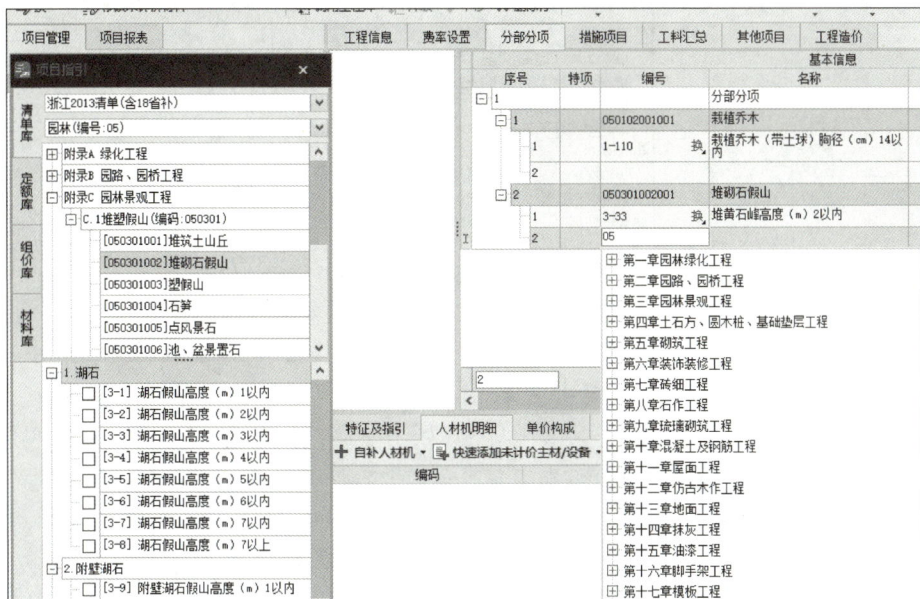

图 3-15　输入编码前 2 位

出现章节后，用键盘上下键选择并按回车键，当然也可以继续输入第二段，如"03"，如图 3-16 所示。

继续使用键盘的上下键选择并按回车键，当然也可以继续输入"01"，如图 3-17 所示。

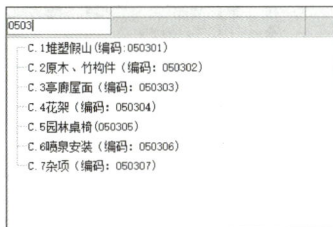

图 3-16　继续输入编码第二段

图 3-17　继续输入"01"

继续用键盘的上下键选择并回车，当然也可以继续输入"002"回车，如图 3-18 所示，清单则套用完毕。

说明：操作中虽然用鼠标也能双击展开，但是建议用键盘完成所有操作，这样效率最高。

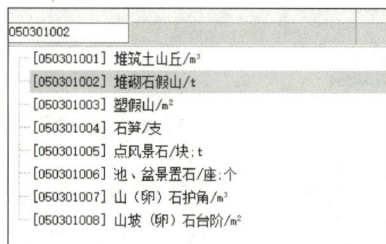

图 3-18　继续输入"002"

2）双击编号或者名称会弹出"项目指引"窗口，如图 3-19 所示，可以双击清单，也可以拖拉清单到所需的位置。

3）在"编号"列手动输入清单/定额编号，回车，清单编号输入前 9 位或 12 位均可。

4）如果在定额编码位置输入一个数值，则自动套用上一条定额的章册，比如已经套

用 6—9 定额，在下一行需要套用 6—10，则直接输入"10"回车即可。在系统设置中选中了"自动弹出云数据库指引"选项（图 3-20）后，若输入的定额编码同时存在于本地项目指引数据库和云数据库中，将会弹出弹框，如图 3-21 所示，支持双击或选中应用数据至工程中。

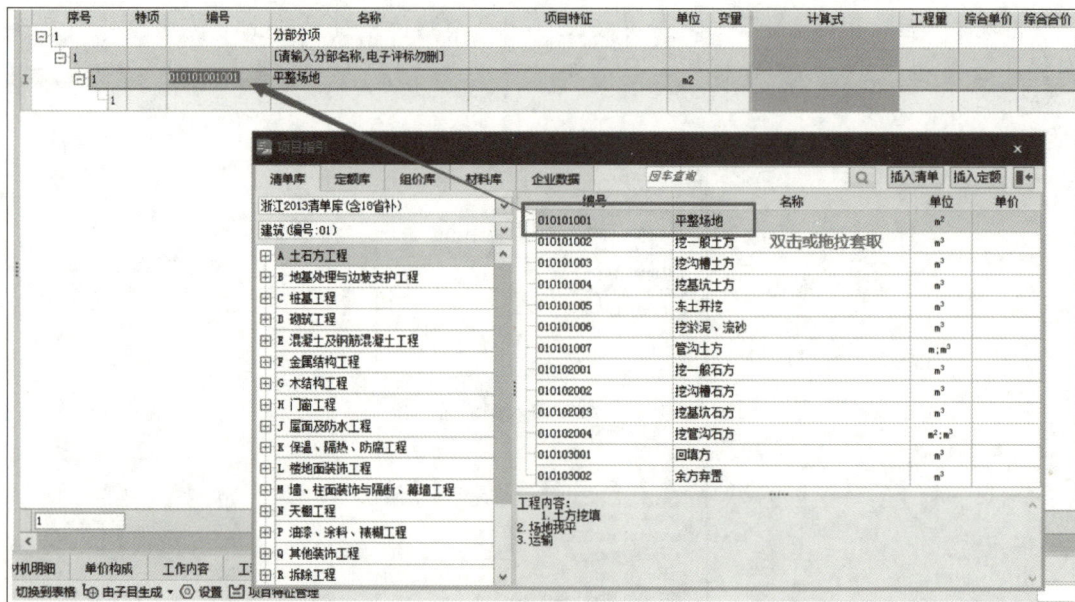

图 3-19　双击编号弹出"项目指引"窗口

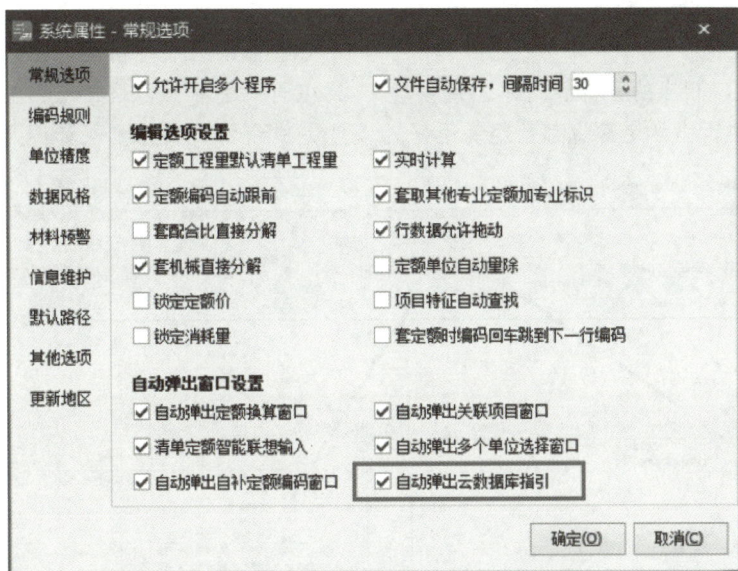

图 3-20　选中"自动弹出云数据库指引"选项

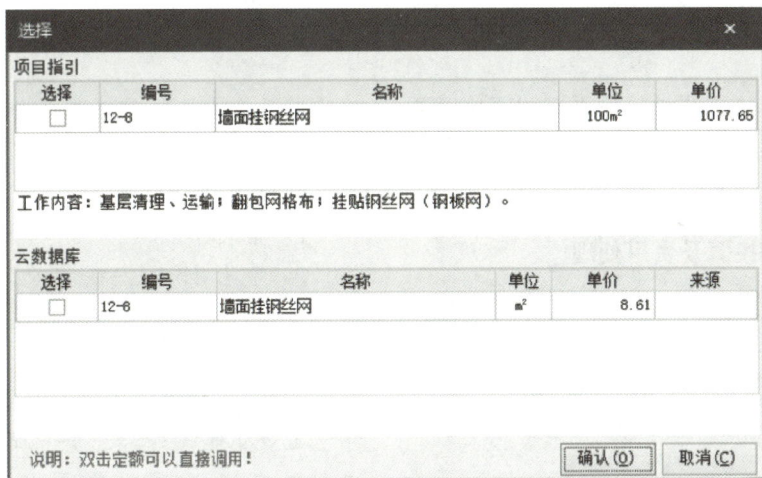

图 3-21　弹出弹框

5）单击云数据库，会弹出云数据库指引窗口，云数据库的数据来源于手动提交的单条数据以及上传至云端的各类工程文件，经过解析梳理后支持数据复用。云数据库包括个人云和企业云两部分。其中，个人云包括组价库和定额库；企业云包括组价库、定额库和材料库。用户可以根据需要选择对应的数据库，双击清单、定额或材料将该条数

据应用至工程中。

（2）Excel 导入

选择菜单"数据/导入数据/导入 Excel、WPS 电子表格、Access 数据库"功能。

1）选中所要导入的专业工程。

2）浏览，选择要导入的 Excel。

3）在下面，显示出 Excel 中内容，并自动识别。用户也可以选择"类型"来调整

导入的为清单还是定额或者分部或者未知行（表示不导入的行）。

4）确定后，相应的分部、清单、定额就会导入到软件中，当然定额也都已经套用好。

（3）快速组价

软件根据实际情况，把项目特征和指引放在同一个界面，这样用户可以以最快的速度完成组价，具体步骤如图 3-22 所示。

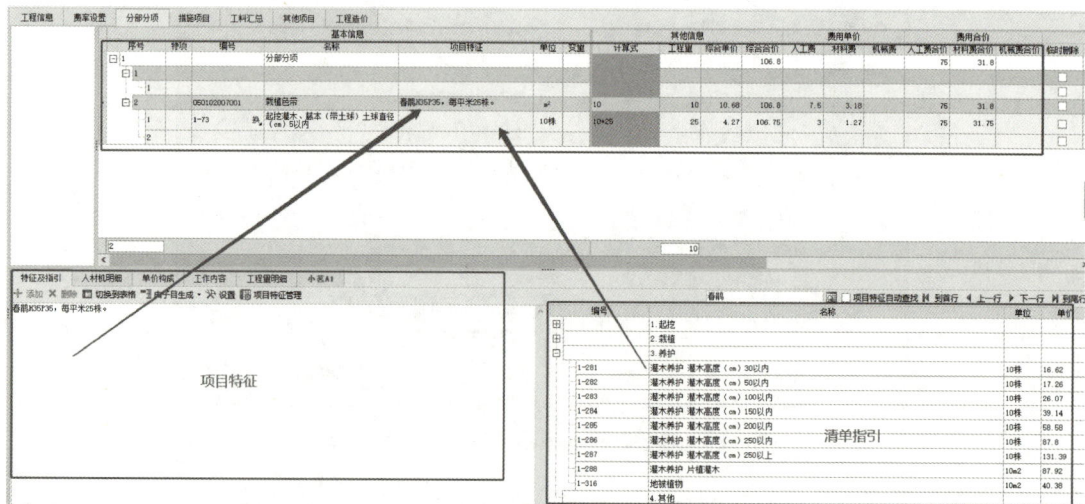

图 3-22　快速组价

在清单的特征及指引插页，根据左面显示的为"项目特征"，在右面的"清单指引"处双击或拖拉定额。

第二步，换算及费用处理。

第三步，整理材料价格。

第四步，输入费率，确定报价。

第五步，打印或导出造价报表。

（1）预览

在任何时候，单击项目报表插页，就可以查看整个项目（包括整体、单位、专业）的表格。

（2）打印

1）单表打印。在预览状态，单击"打印"按钮，然后出现打印设置界面，可进行单表打印。

2）批量打印。首先选择需要打印的表格，然后右击选择"勾选报表批量打印"选项即可。

（3）导出

1）单表导出。

①导出 Excel：在预览时，单击"导出"按钮，并选择文件名即可，单表导出后会提示是否打开。

②导出其他格式。一般预算软件除了导出 Excel 格式外，还支持 pdf 以及 rtf 格式，用户可以根据需要选择相应格式导出。

2）批量导出。首先选择需要导出的表格，然后右击选中"勾选报表导出 Excel"选项，即可批量导出需要的表格。

■ 概念分析及软件应用

1. 概念分析

（1）工料单价法

工料单价法是指分部分项工程项目单价

120

采用直接工程费单价的一种计价方法，综合费用（企业管理费和利润）、规费及税金单独计取。工料单价是指完成一个规定计量单位项目所需的人工费、材料费、施工机械使用费。

（2）综合单价法

综合单价法是指分部分项项目及施工技术措施项目的单价采用除规费、税金外的全费用单价（综合单价）的一种计价方法，规费、税金单独计取。综合单价是指完成工程量清单中一个规定计量单位项目所需的人工费、材料费、机械使用费、企业管理费和利润，并考虑风险因素。

（3）综合单价法（非国标）

综合单价法（非国标）的含义同综合单价法。综合单价非国标计价主要是解决采用消耗量定额直接报综合单价的一种计价形式，也是一种清单的过渡方式。

2. 软件运用

收集不同省区园林工程预算软件，根据软件的说明书，掌握其操作方法，分别选择不同的模块编制园林工程造价。

■ 园林建设工程施工取费定额

由于施工企业组织和管理施工所发生的费用，不是直接消耗在工程实体中的费用，不便直接计算在单位工程直接费用中而必须采取费率的形式，间接地分摊到每个单位工程造价中去。因此，园林工程施工费是工程造价的组成部分。各省市都有当地相应的取费定额，规定与当地实际相结合。例如，浙江省园林工程施工取费采用《浙江省建设工程施工取费定额》（2010 版）。

《浙江省建设工程施工取费定额》（2010 版），以指令性与指导性相结合，政策指导与市场调节相互补为编制原则，按指令性、指导性、参考性三个不同层次编制。其中，费用的计算程度和施工取费计算规则属指令性范畴，施工取费费率（除定额另有规定外）属指导性或参考性范畴，定额中非竞争性费用应按照规定计取，不得任意调整。

园林工程施工取费定额是编制设计概算，招标标底、投标报价（施工图预算）、工程结算及约定工程合同价等的依据。《浙江省建设工程施工取费定额》（2010 版）具体规定如下。

（1）仿古建筑及园林工程施工取费费率

仿古建筑及园林工程施工取费费率见表 3-1～表 3-4。

表 3-1　仿古建筑及园林工程施工组织措施费费率

定额编号	项目名称		计算基数	费率/%		
				下限	中值	上限
D1	施工组织措施费					
D1-1	安全文明施工费					
D1-11	其中	非市区工程	人工费＋机械费	5.08	5.64	6.22
D1-12		市区一般工程		5.98	6.65	7.31
D1-13		市区临街工程		6.89	7.65	8.42
D1-2	夜间施工增加费		人工费＋机械费	0.02	0.04	0.08
D1-3	提前竣工增加费					

续表

定额编号	项目名称		计算基数	费率/%		
				下限	中值	上限
D1-31	其中	缩短工期10%以内	人工费＋机械费	0.01	1.13	2.25
D1-32		缩短工期20%以内		2.25	2.80	3.34
D1-33		缩短工期30%以内		3.34	3.96	4.59
D1-4	二次搬运费		人工费＋机械费	0.17	0.21	0.25
D1-5	已完工程及设备保护费			0.02	0.08	0.17
D1-6	工程定位复测费			0.03	0.04	0.05
D1-7	冬雨季施工增加费			0.12	0.24	0.36
D1-8	行车、行人干扰增加费			1.00	1.50	2.00
D1-9	优质工程增加费		优质工程增加费前造价	1.00	1.25	1.50

注：1）单独绿化工程安全文明施工费费率乘以系数0.7。
　　2）专业土石方工程安全文明施工费费率乘以系数0.6。

表 3-2　仿古建筑及园林工程综合费用费率

定额编号	项目名称	计算基数	费率/%		
			一类	二类	三类
D2	企业管理费				
D2-1	仿古建筑工程	人工费＋机械费	29～36	23～31	20～26
D2-2	园林景观工程		26～34	21～29	17～23
D2-3	单独绿化工程		—	18～25	14～20
D2-4	专业土石方工程		—	5～9	3～7
D3	利润				
D3-1	仿古建筑工程	人工费＋机械费	4～10		
D3-2	园林景观工程		8～14		
D3-3	单独绿化工程		18～26		
D3-4	专业土石方工程		1～4		

注：专业土石方工程仅适用于单独承包的土石方工程。

表 3-3　仿古建筑及园林工程规费费率

定额编号	项目名称	计算基数	费率/%
D4	规费		
D4-1	仿古建筑工程	人工费＋机械费	13.33
D4-2	园林景观工程		13.19
D4-3	专业土石方工程		4.46
D4-4	单独绿化工程		10.94

注：1）专业土石方工程仅适用于单独承包的土石方工程。
　　2）民工工伤保险及意外伤害保险按各市的规定计算。

表 3-4　仿古建筑及园林工程税金费率

定额编号	项目名称	计算基数	费率/%		
			市区	城（镇）	其他
D5	税金	直接费＋管理费＋利润＋规费	3.577	3.513	3.384
D5-1	税费		3.477	3.413	3.284
D5-2	水利建设资金		0.100	0.100	0.100

注：税费包括营业税、城市建设维护税及教育费附加。

（2）仿古建筑及园林建设工程类别划分标准

1）工程类别划分说明。

• 综合园林建设：按园林建设规模划分类别，建设面积以工程立项批准文件为准。游乐场及公园式墓园类别划分同综合性园林建设。

• 在同一类别工程中，有几个特征时，凡符合其中特征之一者，即为该类工程。

• 园林景区内按市政标准设计的道路、广场，按市政工程相应类别划分。

• 仿古建筑及园林工程中的一般安装工程按三类工程取费。

2）仿古建筑及园林工程综合费用工程类别划分。见表 3-5。

表 3-5　仿古建筑及园林工程综合费用工程类别划分表

工程	类别		
	一类	二类	三类
仿古建筑工程	1. 单项 1000m² 以上或单体 700m² 以上仿古建筑 2. 国家级文物古迹复建和古建筑修缮 3. 高度 27m 以上古塔 4. 高度 10m 以上牌楼、牌坊	1. 单项 500m² 以上或单体 300m² 以上仿古建筑 2. 省级文物古迹复建和古建筑修缮 3. 高度 15m 以上古塔 4. 高度 7m 以上牌楼、牌坊	1. 单项 500m² 以下或单体 300m² 以下仿古建筑 2. 市县级古迹复建和古建筑修缮 3. 高度 15m 以下古塔 4. 高度 7m 以下牌楼、牌坊
园林景区工程	1. 60 亩以上综合园林建筑 2. 直径 40m 以上或占地 1257m² 以上的喷泉 3. 高度 8m 以上城市雕像 4. 堆砌 7m 以上假山石、塑石、立峰	1. 30 亩以上综合园林建筑 2. 直径 20m 以上或占地 314m² 以上的喷泉 3. 高度 4m 以上城市雕像 4. 缩景模型制作安装 5. 堆砌 7m 以下假山石、塑石、立峰	1. 30 亩以下综合园林建筑 2. 直径 20m 以下或占地 314m² 以下的喷泉 3. 高度 4m 以下城市雕像 4. 园林围墙、园路、园桥小品
单独绿化工程		1. 国家级风景区、省级风景区绿化工程 2. 公园、度假村、高尔夫球场、广场、街心花园、园林小品、屋顶花园、室内花园等绿化工程	1. 公共建筑环境、企事业单位与居住区的绿化工程 2. 道路绿化工程 3. 片林、风景林等工程

注：1 亩＝666.7m²，全书同。

自我评价

评价项目	技术要求	分值	评分细则	评分记录
预算软件的安装与启动	能顺利安装相关预算软件 能快速启动预算软件 会在预算及软件中新建预算项目信息，会选择相关预算模板	20	安装不全或启动不成功，扣5～10分 快速新建预算工程信息，明确模块安排，新建信息不规范者扣2～3分 模块选择不规范者扣5分	
工料单价法计算工程造价	理解工料单价法的模块项目组成 能运用预算软件按照工料单价法编制工程预算 能熟练控制预算软件操作步骤	30	模板选择错误者扣5分 预算软件的操作步骤不熟练扣1～10分 预算编制不完整者扣5～10分	
综合单价法计算工程造价	理解综合单价法的模块项目组成 能运用预算软件按照综合单价法编制工程预算 能熟练控制预算软件操作步骤	20	模板选择错误者扣5分 预算软件的操作步骤不熟练扣1～10分 预算编制不完整者扣5～10分	
工程量清单报价编制	理解综合单价法（非国标）的模块项目组成 能运用预算软件按照综合单价法（非国标）编制工程量清单报价 能熟练控制预算软件操作步骤	30	模板选择错误者扣5分 预算软件的操作步骤不熟练扣1～10分 预算编制不完整者扣5～10分 工程量清单报价编制不切实际扣3～10分 价格信息收集不全或价格严重不符合要求者扣5～10分	

任务 3.2 运用预算软件编制绿化工程工程量清单并报价

【学习目标】

通过运用当地预算软件，按照各地园林工程招投标的要求，编制园林绿化工程工程量清单并根据价格信息进行清单报价。因各地招投标所选用的软件不同，学习该部分内容必须与当地常用预算软件或者当地投标评标要求相结合选择相关预算软件进行学习训练，该部分内容主要是让学生明确预算软件操作的基本程序，能结合软件完成园林绿化工程量清单的报价。

【任务分析】

工程量清单是现阶段预算报价的基本前提，清单的内容及规范要求是投标报价是否全面合理的重要组成部分。该任务要求学习者根据当地投标要求和园林绿化工程的基本操作规范要求，快速地将图纸内容编制为工程量清单，并能根据市场价格信息，对各项目清单进行合理报价。整个编制过程要求结合当地常用招投标预算软件编制完成。该任务的目标是明确软件的基本操作程序，能编制园林绿化工程量清单并报价。作为一个园林经营人员应该明确本任务的各要素的关系，具体体现如图 3-23 所示。

运用预算软件
编制园林绿化
工程工程量
清单与报价
（微课）

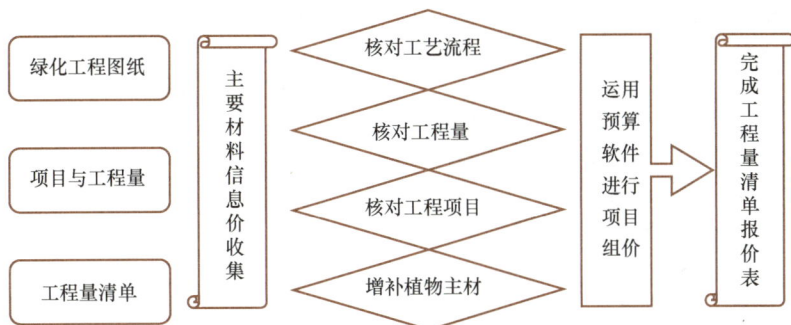

图 3-23　绿化预算各要素关系图

【思政融入提示】

在绿化工程量清单编制与报价过程中，通过清单的讲解，培养学生的规矩意识。在清单组价过程中，通过量、价、费的讲解，培养学生如实计算工程量的诚信品质；多方收集价格信息，货比三家的求实勤俭态度；严格按照定额规范取费的科学守法精神。

工作步骤

表 2-4 为"湘甬无二"公园分区四道路两侧绿化设计部分苗木单，请根据苗木单运用预算软件编制绿化工程工程量清单并报价。

第一步，选择新建功能建立"'湘甬无二'公园分区四道路两侧绿化工程"工程量清单文件名。

如图 3-24 所示，单击工具条中的"新建工程"按钮；在弹出的对话框内的"项目名称"处输入工程项目名，选择清单投标选项，单击"下一步"按钮。根据提示完成项目信息建立。

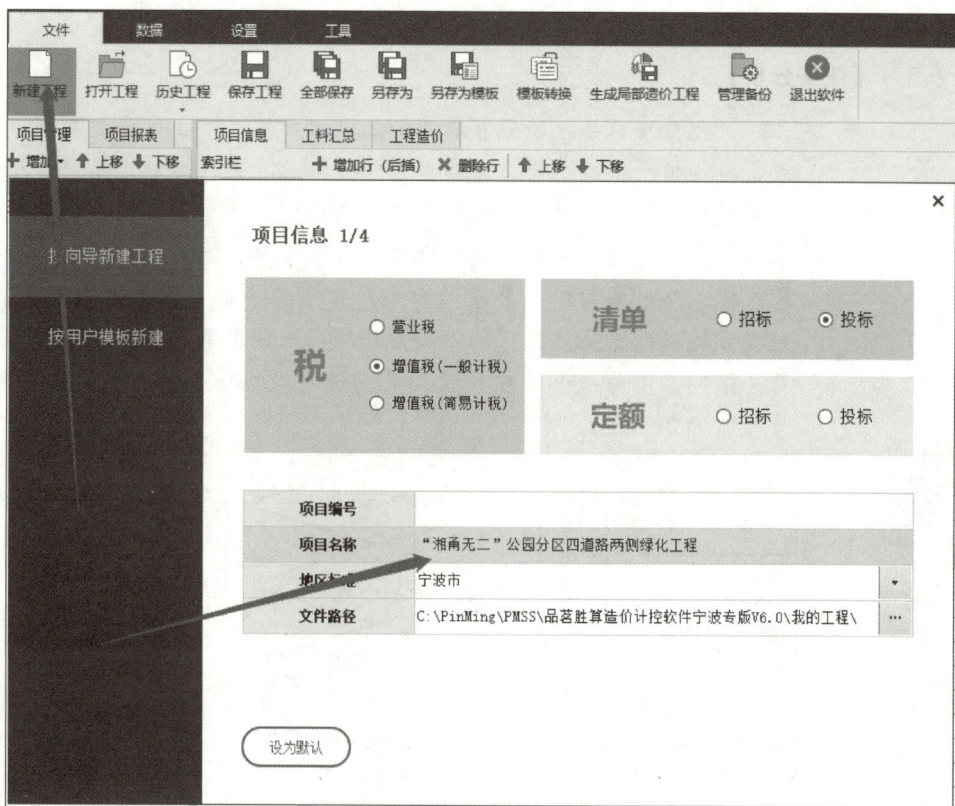

图 3-24　新建文件对话框

第二步，费率设置。

单击"费率设置"按钮，打开"费率设置"界面，如图 3-25 所示，根据费率输入的方式和工程取费依据进行费率设置，包括清单工程所需的企业管理费、利润、措施费、规费、税率、其他费率等。

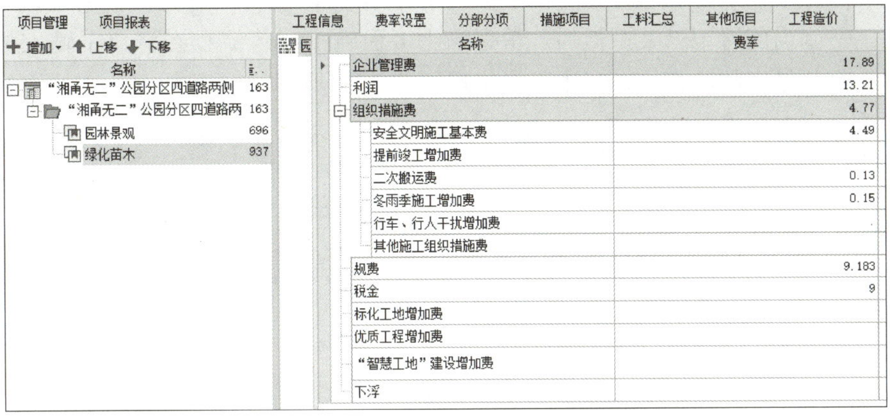

图 3-25 "费率设置"界面

第三步，分部分项输入进行清单组价。

在编码位置输入清单或者定额的编码，则会出现智能联想的提示，根据逐步提示快速找到需要的清单定额。也可以双击编号或者名称，在弹出的"项目指引"窗口中双击清单，还可以拖拉清单到所需要的位置（图 3-26）。完成清单的输入后即可进行套定额组价。

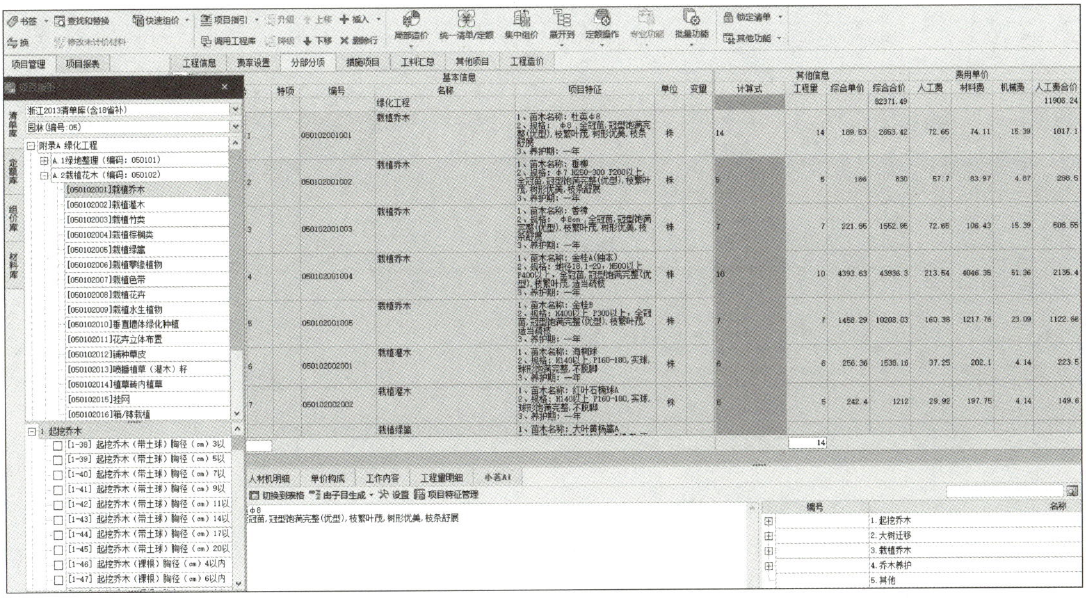

图 3-26 绿化工程清单输入

（1）定额套用

用鼠标单击"定额库"选项，进入"定额套用"界面。首先，在"编号"

栏中输入定额编号，如图 3-27 所示，按回车键，即可把相应的定额内容提取到当前行记录处。然后，根据绿化工程施工工艺流程在清单下输入相应的消耗量定额，在主窗口中就会出现如图 3-28 所示的相应内容。

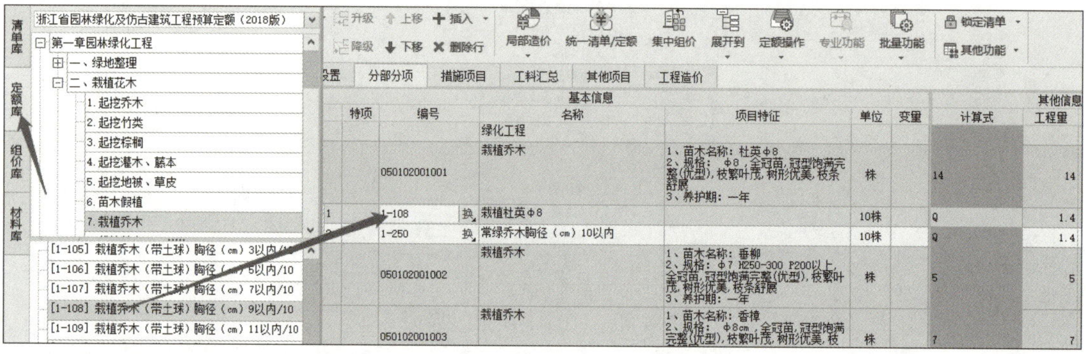

图 3-27 直接录入定额编号

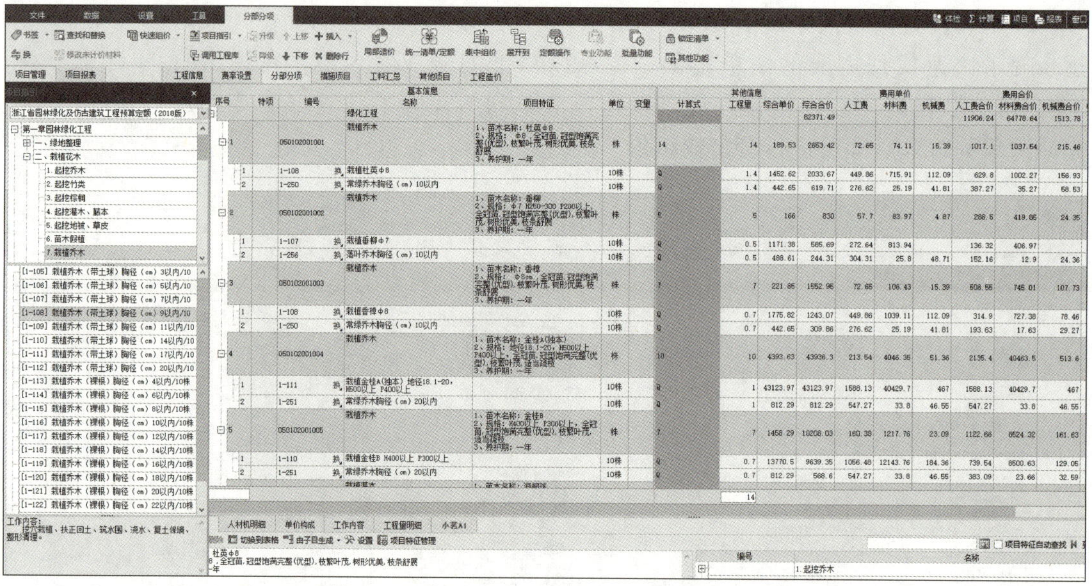

图 3-28 定额子目套用后显示窗口

（2）定额主材输入

在工程预算的编制过程中，所套定额的价格组成内容通常不包含有园林绿化植物这一主要材料，为了达到实际工程要求，就必须对定额内容进行调整，即增添主材内容。

如图 3-29 所示，进入"人材机明细"窗口，输入主材园林植物的名称与规格，这是园林绿化工程预算的关键。

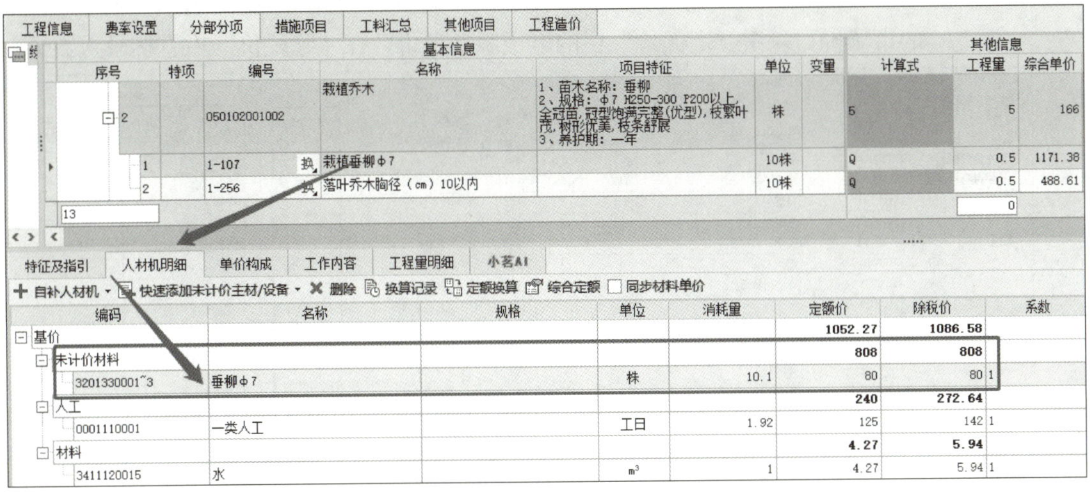

图 3-29　"人材机明细"窗口

（3）工程量录入

1）直接录入工程量。在定额所在行的"工程量"栏，直接输入与定额单位一致的工程量数据。

2）在"计算式"栏录入工程量。

步骤一：将未经换算的工程量数据，输入在定额所在行的"计算式"栏，如图 3-30 所示。

步骤二：按回车键，数据自动除定额单位后放到"工程量"栏目。

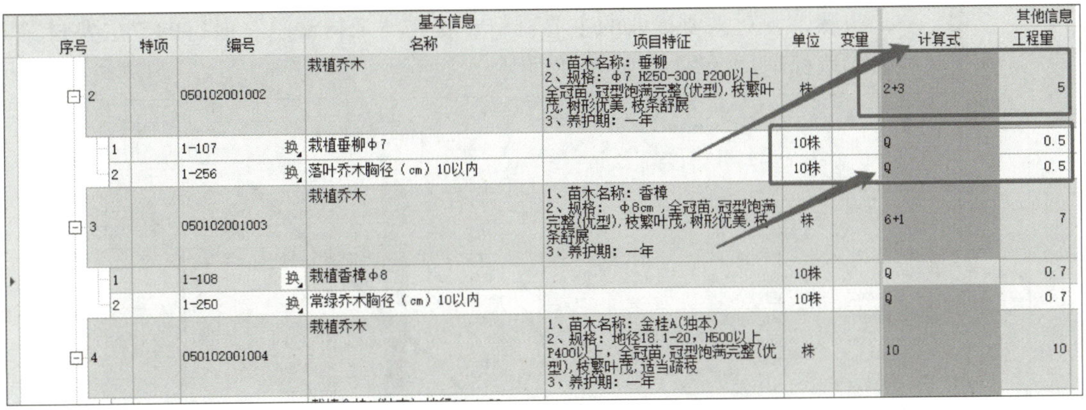

图 3-30　在"计算式"栏录入工程量

第四步，市场价组价。

组价就是根据企业自主价格、市场调研价、电子版参考价重新计算出新基价，同时，对综合单价、分部分项清单、措施项目清单、其他项目清单、单位工程取费、单项工程汇总等投标报价重新计算。

方法一：手工输入。如图 3-31 所示，进入"工料汇总"页面，根据所掌握的市场价，参考"定额价"栏的电子版参考价，在"除税价"栏直接录入数据。

	工程信息	费率设置	分部分项	措施项目	工料汇总	其他项目	工程造价								
全部工料汇总				基础信息					甲供量	定额价	系数	除税价	含税价	价格信息 税率	
		编号	名称		规格	单位	数量								
人工	1	0001110001	一类人工			工日	85.946		125	1	142	142			
材料	2	0233120011	草绳			kg	72		1.12	1	1.12	1.266	13	
主要材料	3	0325120035	镀锌铁丝	12#		kg	3		5.38	1	5.38	6.079	13	
甲供材料	4	0525120059	树棍	长1.2m		根	78		5.17	1	5.17	5.842	13	
暂估材料	5	0525120061	树棍	长2.2m		根	85		9.48	1	9.48	10.712	13	
未计价材料	6	1435120185	药剂			kg	7.456		25.86	1	25.86	29.222	13	
机械	7	3230120003	肥料			kg	123.456		0.25	1	0.25	0.283	13	
	8	3400120001	其他材料费			元	40.95		1	1	1.02	1.02		
	9	3411120015	水			m³	87.519		4.27	1	5.94	6.118		
	10	3201330001~3	垂柳φ7			株	5.05		80	1	80	87.2	9	
	11	3201330001~4	杜英φ8			株	14.14		70	1	70	76.3	9	
	12	3201330001~4	香樟φ8			株	7.07		102	1	102	111.18	9	
	13	3201330001~6	金桂B H400以上 P300以上			株	7.07		1200	1	1200	1308	9	
	14	3201330001~7	金桂A(独本) 地径18.1-20，H5C			株	10.1		4000	1	4000	4360	9	
	15	3203330001~6	红叶石楠球B H120以上，P140-16			株	5.25		185	1	185	201.65	9	
	16	3203330001~7	海桐球H140以上，P160-180			株	6.3		189	1	189	206.01	9	
	17	3229120001~1	种植土			m³	90.882		40	1	40	45.2	13	
	18	主材0001	大叶黄杨篱A H180 P60以上 9株			m	50.4		22	1	22	23.98		
	19	主材0002	大叶黄杨 H60 P30以上，16株/m			m²	29.4		16	1	16	17.44		
	20	主材0003	八角金盘 H41-50 P41-50 25株/			m²	80.85		52	1	52	56.68		
	21	主材0004	百慕大草皮			m²	201.6		7.12	1	7.12	7.761		
	22	9905140059	汽车式起重机	8t		台班	0.715		648.48	1	653.15	653.15		

图 3-31 输入人材机市场价

方法二：从信息价格库取价。特殊材料或询价困难的材料可采用此法。

第五步，提取主要材料。

当甲方或业主需要主要材料或在做绿化工程进行主材统计时，都要提取主要材料。

步骤一：对需要提取的主要材料，就在"工料汇总"窗口的"主要材料"栏做提取标记"√"，如图 3-32 所示。

	工程信息	费率设置	分部分项	措施项目	工料汇总	其他项目	工程造价				
全部工料汇总				基础信息			价格信息		主要材料	甲供材料	暂估材料
		编号	名称		工 单位	数量					
人工	1	0001110001	一类人工		工日	85.946	125 142 142	107 122 122 146	☑	☐	☐
材料	2	0233120011	草绳		kg	72	1.1 1 1.1 1.2 13	80. 80. 91. 1	☐	☐	☐
主要材料	3	0325120035	镀锌铁丝	12#	kg	3	5.3 1 5.3 6.0 13	16. 16. 18. 0	☐	☐	☐
甲供材料	4	0525120059	树棍	长1	根	78	5.1 1 5.1 5.8 13	403 403 455. 0	☐	☐	☐
暂估材料	5	0525120061	树棍	长2	根	85	9.4 1 9.4 10.1 13	805 805 910. 0	☐	☐	☐
未计价材料	6	1435120185	药剂		kg	7.456	25. 1 25. 29. 13	192 192 217. 1	☐	☐	☐
机械	7	3230120003	肥料		kg	123.456	0.2 1 0.2 0.2 13	30. 30. 34. 9	☐	☐	☐
	8	3400120001	其他材料费		元	40.95	1 1 1. 1.0	40. 41. 41. 0.82	☐	☐	☐
	9	3411120015	水		m³	87.519	4.2 1 5.9 6.1 3	373 519 535. 1	☑	☐	☐
	10	3201330001~3	垂柳φ7		株	5.05	80 1 80 87.9	404 404 440. 0	☑	☐	☐
	11	3201330001~4	杜英φ8		株	14.14	70 1 70 76.9	989 989 1078 0	☑	☐	☐
	12	3201330001~4	香樟φ8		株	7.07	102 1 102 111 9	721 721 786. 0	☑	☐	☐
	13	3201330001~6	金桂B H400以上 P300以上		株	7.07	120 1 120 130 9	848 848 924. 0	☑	☐	☐
	14	3201330001~7	金桂A(独本) 地径18.1-20，H5C		株	10.1	400 1 400 436 9	404 404 440 0	☑	☐	☐
	15	3203330001~6	红叶石楠球B H120以上，P140-16		株	5.25	185 1 185 201 9	971 971 1058 0	☑	☐	☐
	16	3203330001~7	海桐球H140以上，P160-180		株	6.3	189 1 189 206 9	119 119 129 1	☑	☐	☐
	17	3229120001~1	种植土		m³	90.882	40 1 40 45. 9	363 363 410 1	☑	☐	☐
	18	主材0001	大叶黄杨篱A H180 P60以上 9株		m	50.4	22 1 22 23.9	110 110 120 0	☑	☐	☐
	19	主材0002	大叶黄杨 H60 P30以上，16株/n		m²	29.4	16 1 16 17.9	470 470 512. 0	☑	☐	☐
	20	主材0003	八角金盘 H41-50 P41-50 25株/		m²	80.85	52 1 52 56.9	420 420 458 0	☑	☐	☐
	21	主材0004	百慕大草皮		m²	201.6	7.1 1 7.1 7.7 9	143 143 156 0	☑	☐	☐

图 3-32 定义主要材料标记窗口

步骤二：进入“项目报表”页面，单击“主要材料表格”选项，即可将做过标记的材料提取到相应报表中。

第六步，输入费率，确定报价。

定额项目输入完整后，第三步和第四步分别完成了量与价的确定工作。再次确定第二步输入的费率是否符合工程要求，单击单位工程造价表即可确定工程报价，如图 3-33 所示。

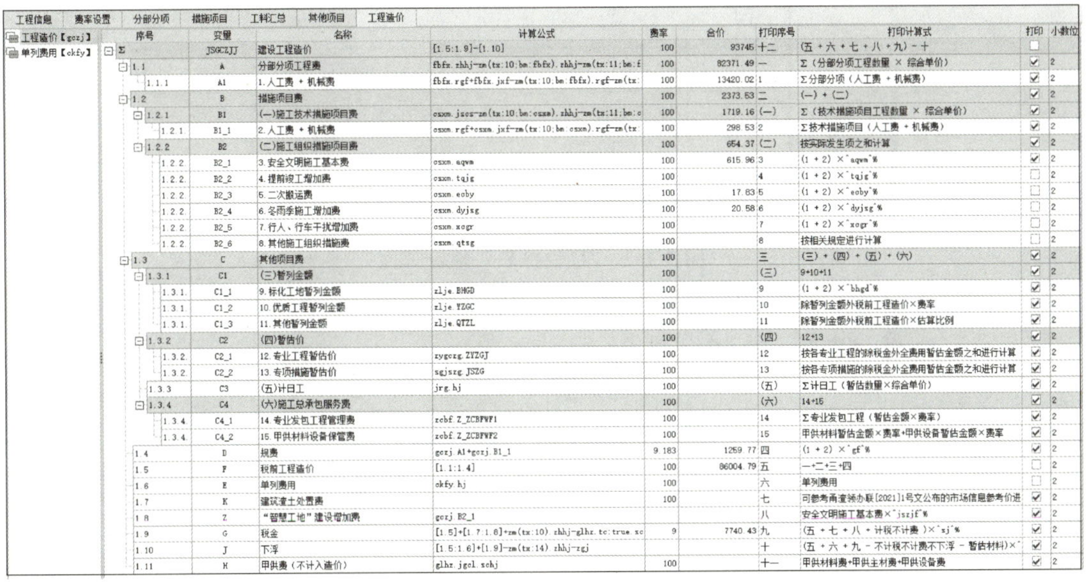

序号	变量	名称	计算公式	费率	合价	打印序号	打印计算式	打印	小数位
Σ	JSGCZJJ	建设工程造价	[1.5:1.9]-[1.10]	100	93745	十二	(五＋六＋七＋八＋九)－十	☐	
1.1	A	分部分项工程费	fbfx.zhhj-zm(tx:10;bm:fbfx).zhhj-zm(tx:11;bm:f	100	82371.49	一	Σ（分部分项工程数量 × 综合单价）	☑	2
1.1.1	A1	1.人工费 ＋ 机械费	fbfx.rgf+fbfx.jxf-zm(tx:10;bm:fbfx).rgf-zm(tx:	100	13420.02	1	Σ分部分项（人工费 ＋ 机械费）	☑	2
1.2	B	措施项目费		100	2373.53	二	(一)＋(二)	☑	2
1.2.1	B1	(一)施工技术措施项目费	csxm.jscs-zm(tx:10;bm:csxm).zhhj-zm(tx:11;bm:c	100	1719.16	(一)	Σ（技术措施项目工程数量 × 综合单价）	☑	2
1.2.1.	B1_1	2.人工费 ＋ 机械费	csxm.rgf+csxm.jxf-zm(tx:10;bm:csxm).rgf-zm(tx:	100	298.53	2	Σ技术措施项目（人工费 ＋ 机械费）	☑	2
1.2.2	B2	(二)施工组织措施项目费		100	654.37	(二)	按实际发生项之和计算	☑	2
1.2.2.	B2_1	3.安全文明施工基本费	csxm.aqwm	100	615.96	3	(1＋2)×^aqwm^%	☑	2
1.2.2.	B2_2	4.提前竣工增加费	csxm.tqjg	100		4	(1＋2)×^tqjg^%	☐	2
1.2.2.	B2_3	5.二次搬运费	csxm.ecby	100	17.83	5	(1＋2)×^ecby^%	☐	2
1.2.2.	B2_4	6.冬雨季施工增加费	csxm.dyjsg	100	20.58	6	(1＋2)×^dyjsg^%	☐	2
1.2.2.	B2_5	7.行人、行车干扰增加费	csxm.xcgr	100		7	(1＋2)×^xcgr^%	☐	2
1.2.2.	B2_6	8.其他施工组织措施费	csxm.qtsg	100		8	按相关规定进行计算	☐	2
1.3	C	其他项目费		100		三	(三)＋(四)＋(五)＋(六)	☑	2
1.3.1	C1	(三)暂列金额		100		(三)	9+10+11	☑	2
1.3.1.	C1_1	9.标化工地暂列金额	zlje.BHGD	100		9	(1＋2)×^bhgd^%	☑	2
1.3.1.	C1_2	10.优质工程暂列金额	zlje.YZGC	100		10	除暂列金额外税前工程造价×费率	☑	2
1.3.1.	C1_3	11.其他暂列金额	zlje.QTZL	100		11	除暂列金额外税前工程造价×估算比例	☑	2
1.3.2	C2	(四)暂估价		100		(四)	12+13	☑	2
1.3.2.	C2_1	12.专业工程暂估价	zygczg.ZYZGJ	100		12	按各专业工程的除税金外全费用暂估金额之和进行计算	☑	2
1.3.2.	C2_2	13.专项措施暂估价	sgjszg.JSZG	100		13	按各专项措施的除税金外全费用暂估金额之和进行计算	☑	2
1.3.3	C3	(五)计日工	jrg.hj	100		(五)	Σ计日工（暂估数量×综合单价）	☑	2
1.3.4	C4	(六)施工总承包服务费		100		(六)	14+15	☑	2
1.3.4.	C4_1	14.专业发包工程管理费	zcbf.Z_ZCBFWF1	100		14	Σ专业发包工程（暂估金额×费率）	☑	2
1.3.4.	C4_2	15.甲供材料设备保管费	zcbf.Z_ZCBFWF2	100		15	甲供材料暂估金额×费率+甲供设备暂估金额×费率	☑	2
1.4	D	规费	gczj.A1+gczj.B1_1	9.183	1259.77	四	(1＋2)×^gf^%	☑	2
1.5	F	税前工程造价	[1.1:1.4]	100	86004.79	五	一+二+三+四	☐	2
1.6	E	单列费用	ckfy.hj	100		六	单列费用	☐	2
1.7	K	建筑渣土处置费		100		七	可参考甬渣领办联[2021]1号文公布的市场信息参考价进	☑	2
1.8	Z	“智慧工地”建设增加费	gczj.B2_1			八	安全文明施工基本费×^jszjf^%	☑	2
1.9	G	税金	[1.5]+[1.7:1.8]+zm(tx:10).zhhj-glhz.tc:true.sc	9	7740.43	九	(五＋七＋八＋计税不计费)×^sj^%	☑	2
1.10	J	下浮	[1.5:1.6]+[1.9]-zm(tx:14).zhhj-zgj			十	(五＋六＋九－不计税不计费不下浮－暂估材料)×^	☑	2
1.11	H	甲供费（不计入造价）	glhz.jgcl.schj	100		十一	甲供材料费+甲供主材费+甲供设备费	☑	2

图 3-33　工程造价计算表

第七步，打印与导出（图 3-34）。

（1）打印

1）单表打印。在预览状态，单击“打印”按钮，然后出现“打印设置”界面。

2）批量打印。首先选择需要打印的表格，然后右击选择“勾选报表批量打印”选项即可。

（2）量导出

1）单表导出。

① 导出 Excel：在预览时，单击“导出”按钮，并选择文件名即可。Excel 导出后会提示是否打开。

② 导出其他格式。该软件除了 Excel 格式外，还支持 pdf 以及 rtf 格式，用户可以根据需要选择。

2）批量导出。首先选择需要导出的表格，然后右击选择“勾选报表导出

Excel"选项即可。扫描左方二维码即可查看完成的部分报表。

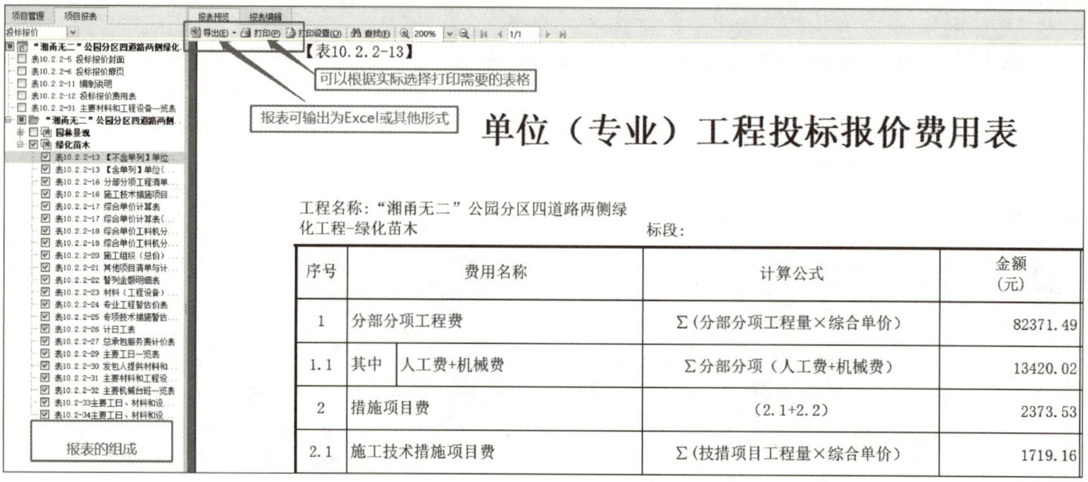

图 3-34 "项目报表"输出页面

🌲 **巩固训练**

以下为某防护林带绿化工程工程量清单（表 3-6），请运用预算软件完成该工程量清单报价。

表 3-6 ×××湾防护林建设工程工程量预算表（苗木汇总表）

序号	苗木名称	规格	数量/(株/亩)
1	夹竹桃	3分枝以上	19 632
2	金森女贞	$h40cm$，$W40cm$	23 086
3	女贞	$\phi3cm$	29 769
4	海滨木槿	$h100\sim120cm$，$W80\sim100cm$	32 030
5	木麻黄	$\phi3cm$	9 953
6	香花槐	$\phi3cm$	2 628
7	紫穗槐	$h100\sim120cm$，$W80\sim100cm$	3 234
8	凤尾兰	$h40\sim50cm$，$W40\sim50cm$	19 528
9	木芙蓉	$h100\sim120cm$，$W80\sim100cm$	12 980
10	蜡杨梅	$h60\sim70cm$，$W60cm$	3 069
11	珊瑚朴	$\phi3cm$	2 628
12	乌柏	$\phi3cm$	7 448
13	苦楝	$\phi3cm$	6 066

续表

序号	苗木名称	规格	数量/(株/亩)
14	中山杉	$\phi 3\text{cm}$	2 168
15	石楠	$\phi 3\text{cm}$	5 586
16	黄山栾树	$\phi 3\text{cm}$	5 714
17	意杨	$\phi 3\text{cm}$	8 496
18	厚叶石斑木	$h 60\text{cm}$，$W 60\text{cm}$	4 104
19	无患子	$\phi 3\text{cm}$	3 180
20	椤木石楠	$h 80\sim 100\text{cm}$，$W 60\text{cm}$	7 448
21	弗吉尼亚栎	$\phi 2\text{cm}$	1 800
22	墨西哥落羽杉	$\phi 3\text{cm}$	4 924
23	日本女贞	$h 70\sim 80\text{cm}$，$W 60\text{cm}$	9 536
24	紫花苜蓿	籽播	63 422.52
25	白三叶	籽播	38 715.28
26	单叶蔓荆	满布植苗	36 922.40
合计			225 007 株，139 060.20m^2

🌲 知识拓展

■ 园林绿化工程预算的主要内容

绿化工程包括乔灌木种植工程、草坪工程、大树移植等。

在进行栽植工程施工前，施工人员必须通过设计人员的设计交底以充分了解设计意图，理解设计要求，熟悉设计图纸，了解施工地段的状况、定点放线的依据、工程材料来源及运输情况，需要时应作现场调研。设计单位和工程建设方应向施工人员提供有关材料，如工程的项目内容及任务量、工程期限、工程投资及设计概（预）算、设计意图等。

在完成施工前的准备工作后，施工方应编制施工计划，制定出在规定的工期内费用最低的安全施工的条件和方法，以保证优质、高效、低成本、安全地完成其施工任务。

作为绿化工程，其预算的主要内容如下：

整理绿化地；

起挖和栽植乔木；

起挖和栽植灌木；

起挖和栽植竹类；

栽植绿篱；

露地花卉栽植；

草坪铺种；

栽植水生植物；

树木支撑；

草绳绕树干；

栽植攀缘植物；

假植和人工换土等。

■ 工程量清单术语的定义或含义

（1）工程量清单

工程量清单主要表现拟建工程的分部分项工程项目、措施项目、其他项目名称和相应数量的明细清单。

（2）措施项目

措施项目是指为完成工程项目施工，发生于该工程施工前和施工过程中技术、生活、安全等方面的非工程实体项目。本省施工取费定额将措施项目分为施工技术措施项目和施工组织措施项目。

1）施工技术措施项目。

① 大型机械设备进出场及安拆。

② 混凝土、钢筋混凝土模板及支架。

③ 脚手架。

④ 施工排水、降水。

⑤ 其他施工技术措施项目。

2）施工组织措施项目。

① 环境保护。

② 文明施工。

③ 安全施工。

④ 临时设施。

⑤ 夜间施工。

⑥ 赶工措施。

⑦ 二次搬运。

⑧ 已完工程及设备保护。

⑨ 其他施工组织措施项目。

（3）其他项目

其他项目是指除分部分项工程项目、措施项目外，因招标人的要求而发生的与拟建工程有关的费用项目，包括预留金、材料购置费、总承包服务费、零星工作项目费等。

（4）项目编码

项目编码采用十二位阿拉伯数字表示，一至九位为统一编码，其中，1、2 位为指引分篇顺序码（《计价规范》称附录顺序码），3、4 位为专业工程顺序码，5、6 位为分部工程顺序码，7～9 位为分项工程项目名称顺序码，10～12 位为清单项目名称顺序码。

各省统一补充的分部分项工程项目，可以在项目编码前冠以相应的字母表示。

（5）预留金

预留金是指招标人为可能发生的工程量变更而预留的金额，包括因招标人提供的工程量清单漏项、清单有误引起工程数量增加和施工过程中设计变更引起新的清单项目或工程数量增加等需要增加的金额。

（6）总承包服务费

总承包服务费是指为配合协调招标人进行的工程分包和材料采购所需的费用。

（7）零星工作项目费

零星工作项目费是指完成招标人提出的，工程量暂估的零星工作所需的费用。

（8）消耗量定额

消耗量定额是指由各省建设行政主管部门根据合理的施工组织设计，按照正常施工条件下制定的，生产一个规定计量单位工程合格产品所需人工、材料、机械台班的社会平均消耗量。

（9）企业定额

企业定额是指施工企业根据本企业的施工技术和管理水平，以及有关工程造价资料制定的，并供本企业使用的人工、材料和机械台班消耗量。

（10）规费

规费是指政府和有关权力部门规定必须缴纳的费用，包括以下几部分：

1）工程排污费。

2）工程定额测定费。

3）社会保障费。养老保险、失业保险、医疗保险等。

4）住房公积金。

5）危险作业意外伤害保险费。

（11）税金

税金是指国家税法规定的应计入建设工程造价内的营业税、城市维护建设税、教育费附加以及按各省规定应缴纳的其他专项资金等。

园林绿化工程定额计算规则要点

请收集当地园林工程预算定额，阅读相关说明，掌握绿化工程工程量计算规则。

园林绿化及仿古建筑工程风格各异，名称繁多，施工工艺要求不尽相同，因此，在编制预算时要求编制人员充分理解、运用定额子目。现以浙江省 2010 版园林绿化及仿古建筑工程预算定额为例，就园林绿化工程定额计算规则要点说明、运用注意点作简单说明。

（1）关于"苗木起挖"节子目

该节子目是作为同一施工场地内苗木就地迁移而设置的。绿化种植工程中，如工程苗木，均为工地外采购苗木，其苗木挖掘费用，均已包括在苗木价格内，不得另行计算其起挖人工费用。对同一施工场地内苗木迁移，计算"起挖工程"定额费用时，均不得计算苗木本身价值费用。迁移发生的运输费用另计。

（2）整理绿化地

这里说的整理绿化地即指 2010 园林定额子目中的 1-210 绿地平整子目，绿地平整指绿化种植工程中绿地整理，园林绿化工程在施工前，一般都应对场地进行场地清理、挖填找平、旧土翻晒等工作，凡挖填找平厚度在 30cm 以内的土方，均按"绿地平整"面积计算，但不包括厚度超过 30cm 以上挖填土方，超过 30cm 以上的挖填应按"土方

工程"定额章节套用。该子目与平整场地子目应区分清楚，平整场地指园林建筑工程施工场地的平整，二者不得重复计取。

（3）关于苗木非种植季节问题

非种植季节苗木种植对苗木的包装，挖掘质量、养护及各种技术措施的加强等，给施工企业带来较大的非正常性开支，非种植季节费用的增加按实结算。也可以以绿化种植工程定额费用为基础，增加一定量的百分比或以苗木材料为基础，增加一定量的百分比方法计取。

（4）绿化种植工程中土方处理

绿化种植工程中，土方费用在整个工程造价中具有相当大的比重和地位，所以种植土方施工方案的确定显得尤为重要，一般的土方施工方法有以下几种：第一，地形、土壤质量，符合设计和绿化植物生长要求，不需要另行增加土方费用。第二，原地形符合设计要求，不需要进土或出土，但土壤质量太差，需就地深埋垃圾土，将好土翻上来处理。第三，原地形标高太低，需场外进种植土方。第四，原地形标高太高，需垃圾外运，另进行种植土处理。第五，原地形土方量不需进土或出土，但需依据设计要求标高、地形，在施工现场内重新堆置地形。第六，其他情况。根据以上分析的情况和施工现场实际情况，确定合理的施工方案，作出合理准确的报价。

（5）面积计算

绿化种植以种植面积计算。例如，某道路隔离带长度为 100m，绿地宽度为 1.5m（不包括侧石），则绿化种植面积为 $100 \times 1.5 = 150m^2$。这里需要注意的是，苗木种植面积并不是灌丛面积。

自我评价

评价项目	技术要求	分值	评分细则	评分记录
预算模块的选择与工程信息的建立	能正确选择相关预算模块 能正确建立预算工程相关信息 会判断预算模板选择的正确性，工程信息规范	20	能顺利快速新建预算工程信息，明确不同模块对应的预算方法 新建信息不规范者扣 2～3 分 模块选择错误者扣 5 分	
园林绿化工程工程量清单报价编制	理解综合单价法的模块项目组成 能运用预算软件按照综合单价法编制工程预算 能熟练控制预算软件操作步骤	30	国标清单与消耗量清单混淆者扣 5 分 园林绿化工程材料与施工工艺流程不明确者扣 5～10 分 预算软件的操作步骤与程序不熟练扣 1～10 分 预算编制不完整者扣 5～10 分	
园林绿化工程量清单打印输出	完整地完成全部预算用表格内容 按照格式要求打印全部所需表格	30	表格不完整或存在破表者扣 5 分 预算表格不全面者扣 1～10 分 工程造价表格打印不符合工程招标文件要求者扣 5～10 分	
园林绿化工程量清单报价表的制作	能运用预算软件编制绿化工程量清单报价 能较快地发现报价不合理项目 能收集较真实的绿化工程相关材料价格信息	20	运用预算软件编制清单报价的操作步骤与程序不熟练者扣 5～10 分 审核过程中不能发现不合理部分者扣 1～10 分 工程量清单报价编制不切实际者扣 3～10 分	

任务 3.3 运用预算软件编制园路工程工程量清单并报价

运用预算软件编制园路工程工程量清单与报价（微课）

【学习目标】

通过运用当地预算软件，按照各地园林工程招投标的要求，编制园路工程工程量清单并根据价格信息进行清单报价。因各地招投标所选用的软件不同，学习该部分内容必须与当地常用预算软件或者当地投标评标要求相结合选择相关预算软件进行学习训练。该部分内容主要是让学生明确预算软件操作的基本程序。

【任务分析】

本任务为园路工程量清单的编制，当地预算软件的操作方法基本与园林绿化工程量清单编制相似，关键点是园路工程量清单编制过程中无须插入主材，重点是面层材料的换算与修改。

本任务的目标是让学习者明确软件的基本操作程序，进一步熟悉软件，能运用软件编制园林景观工程工程量清单并报价（图 3-35）。

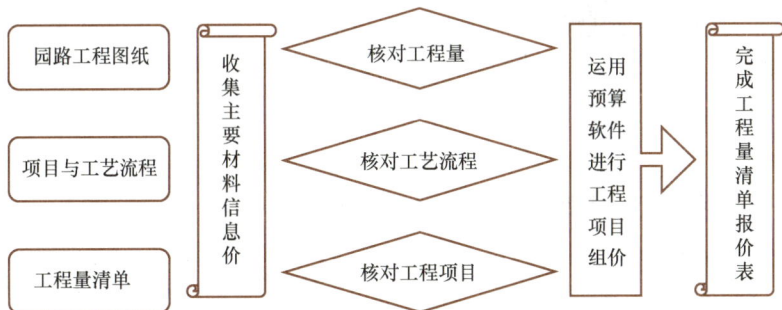

图 3-35　基本操作程序

【思政融入提示】

在园路工程量清单编制与报价过程中，通过清单的讲解，培养学生的规矩意识。在清单组价过程中，通过量、价、费的讲解，培养学生如实计算工程量的诚信品质；多方收集价格信息，货比三家的求实勤俭态度；严格按照定额规范取费的科学守法精神。

工作步骤

操作步骤与园林绿化工程操作步骤一致。

第一步，选择新建功能建立"'湘甬无二'公园某卵石园路工程"工程量清单文件名。

如图 3-36 所示，单击工具条中的"新建工程"按钮；在弹出的对话框内的"项目名称"处输入工程项目名，选择清单投标选项，单击"下一步"按钮。根据提示完成项目信息建立。

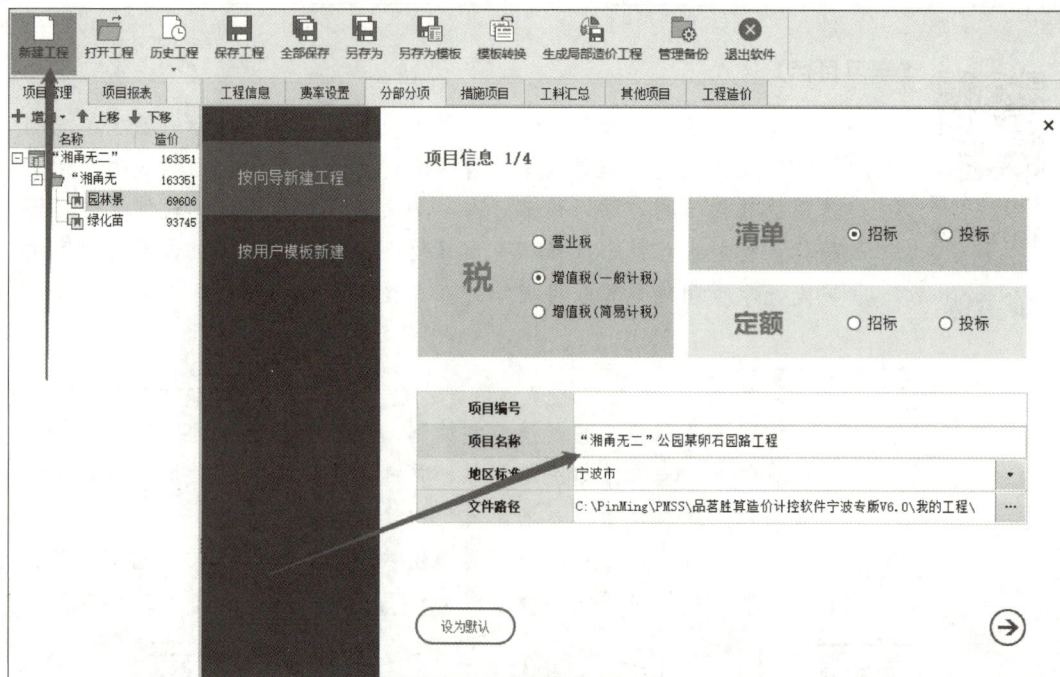

图 3-36   "新建工程"对话框

第二步，费率设置。

单击"费率设置"按钮，打开"费率设置"界面，如图 3-37 所示，根据费率输入的方式和工程取费依据进行费率设置，包括清单工程所需的企业管理费、利润、措施费、规费、税率、其他费率等。

图 3-37   "费率设置"界面

第三步，分部分项输入进行清单组价。

在编码位置输入清单或者定额的编码，则会出现智能联想的提示，根据逐步提示快速找到用户需要的清单定额。也可以双击编号或者名称，在弹出的"项目指引"窗口，可以双击清单，也可以拖拉清单到所需要的位置（图 3-38）。完成清单的输入后即可进行套定额组价。

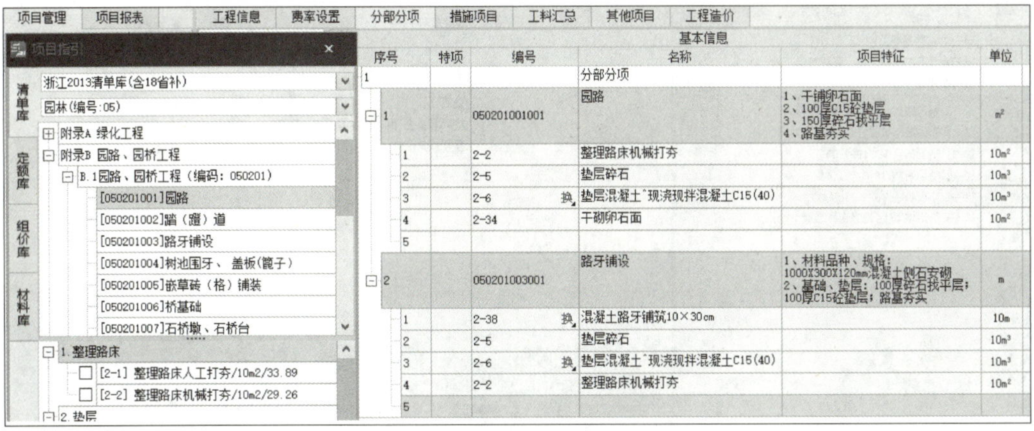

图 3-38 园路工程清单输入

（1）定额套用

用鼠标单击"定额库"选项，进入"定额套用"界面。首先在"编号"栏中输入定额编号，如图 3-39 所示，按回车键，即可把相应的定额内容提取到当前行记录处。然后根据园路工程施工工艺流程在清单下输入相应的消耗量定额。在主窗口中就会出现如图 3-40 所示的相应内容。

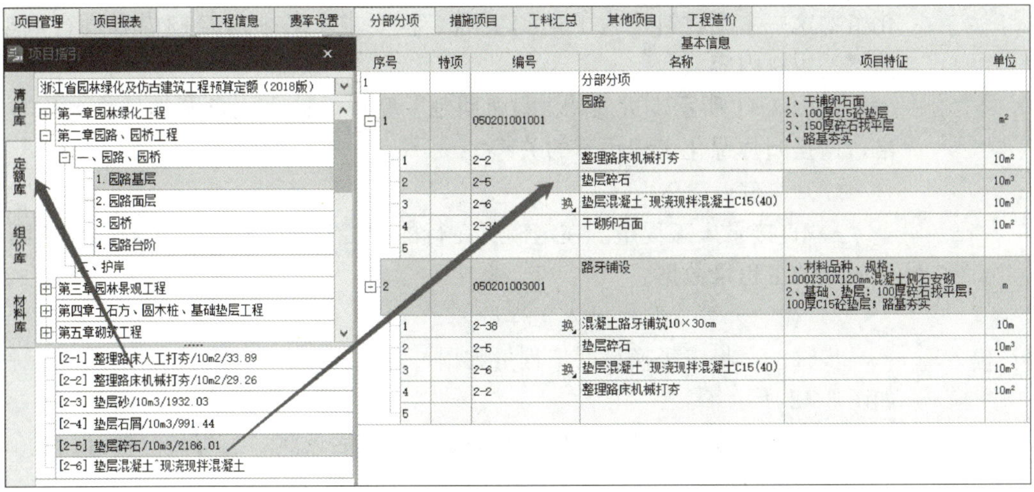

图 3-39 直接录入定额编号

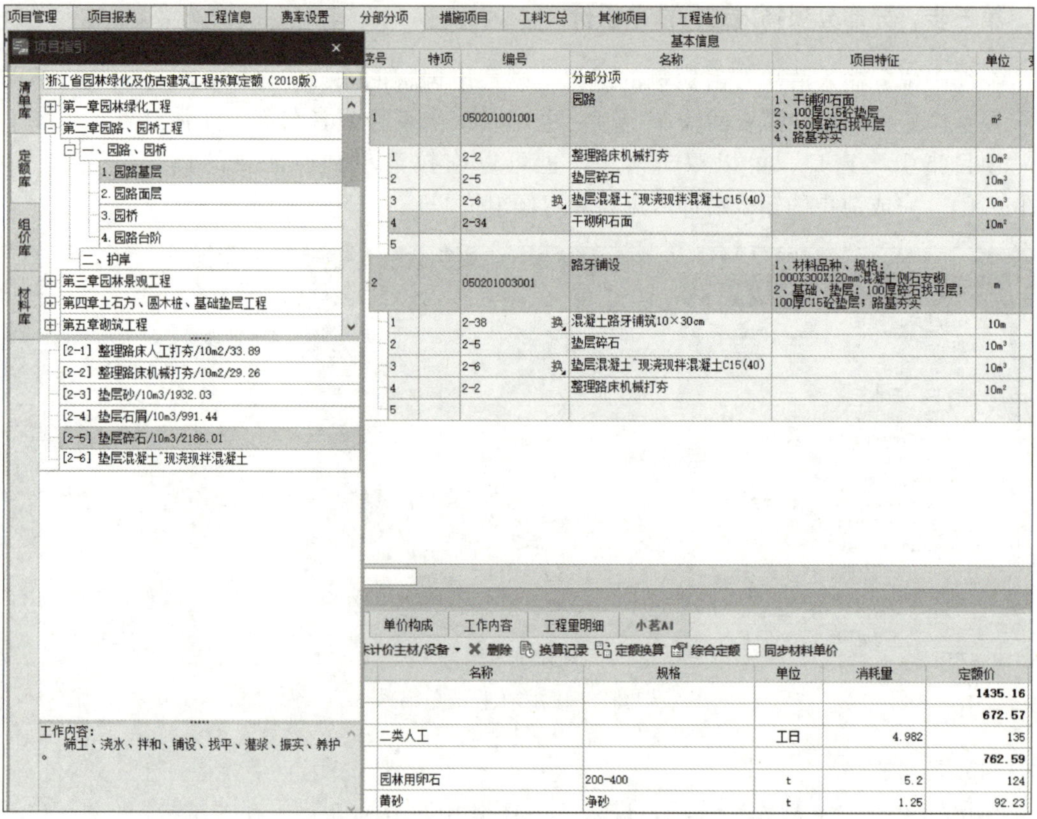

图 3-40　定额子目套用后显示窗口

（2）定额主材输入

在工程预算的编制过程中，所套定额的价格组成内容通常不包含园林绿化植物这一主要材料，为了达到实际工程要求，必须对定额内容进行调整，即增添主材内容。

如图 3-41 所示，进入"人材机明细"窗口，输入主材园林植物名称与规格，这是园林绿化工程预算的关键。

（3）工程量录入

1）直接录入工程量。在定额所在行的"工程量"栏，直接输入与定额单位一致的工程量数据。

2）在"计算式"栏录入工程量。

步骤一：将未经换算的工程量数据，输入在定额所在行的"计算式"栏，如图 3-42 所示。

步骤二：按回车键，数据自动除定额单位后放到"工程量"栏目。

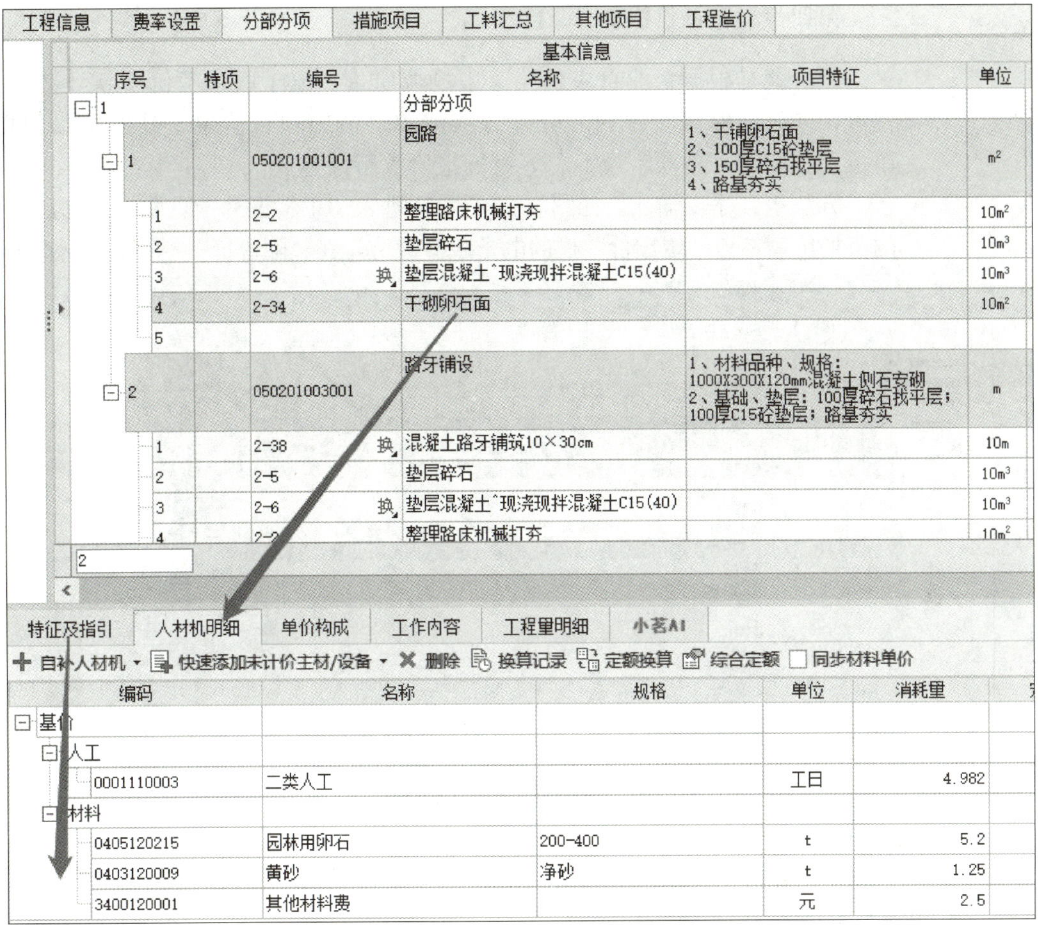

图 3-41 "人材机明细"窗口

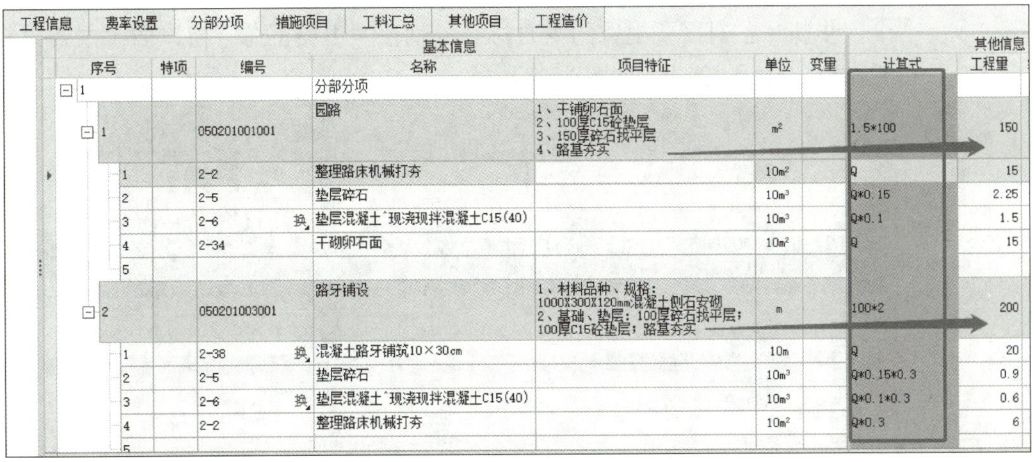

图 3-42 在"计算式"栏录入工程量

第四步，市场价组价。

组价就是根据企业自主价格、市场调研价、电子版参考价重新计算出新基价，同时，对综合单价、分部分项清单、措施项目清单、其他项目清单、单位工程取费、单项工程汇总等投标报价重新计算。

方法一：手工输入。如图 3-43 所示，进入"工料汇总"页面，根据所掌握的市场价，参考"定额价"栏的电子版参考价，在"除税价"栏直接录入数据。

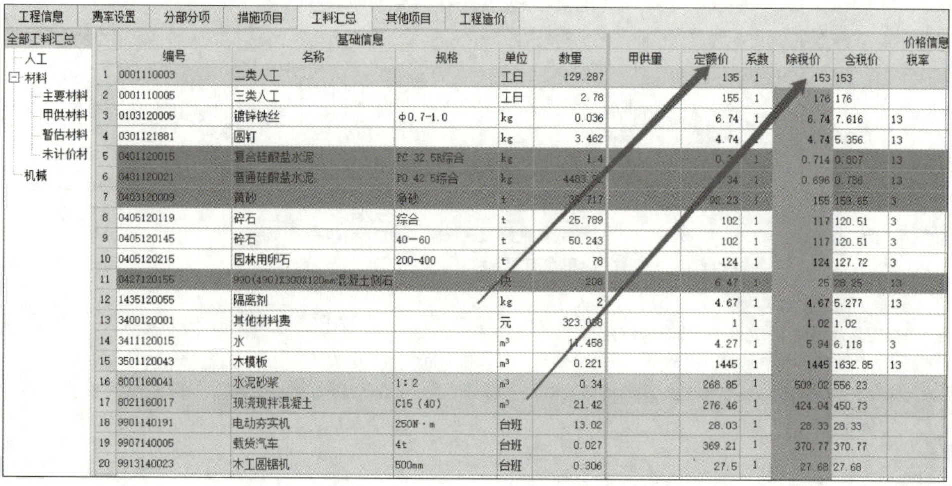

图 3-43　输入人材机市场价

方法二：从信息价格库取价。特殊材料或询价困难的材料可采用此法。

第五步，提取主要材料。

当甲方或业主需要主要材料或在做园路工程进行主材统计时，都要提取主要材料。

步骤一：对需要提取的主要材料，就在"工料汇总"窗口的"主要材料"栏做提取标记"√"，如图 3-44 所示。

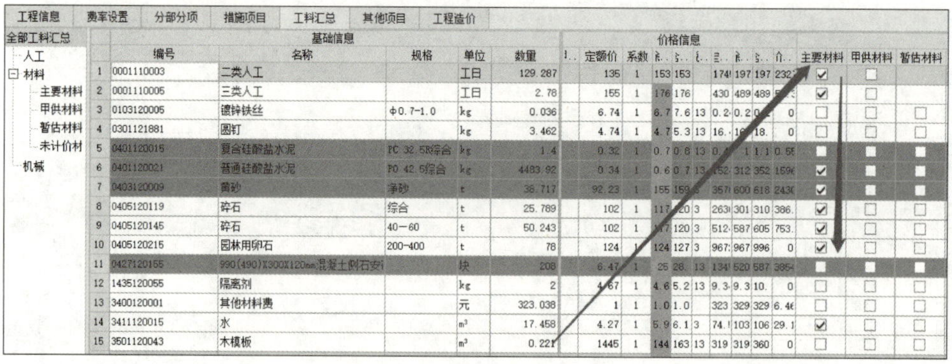

图 3-44　定义主要材料标记窗口

步骤二：进入“项目报表”页面，单击“主要材料表格”，即可将做过标记的材料提取到相应报表中。

第六步，输入费率，确定报价。

定额项目输入完整后，第三步和第四步分别完成了量与价的确定工作。再次确定第二步输入的费率是否符合工程要求，单击单位工程造价表即可确定工程报价，如图 3-45 所示。

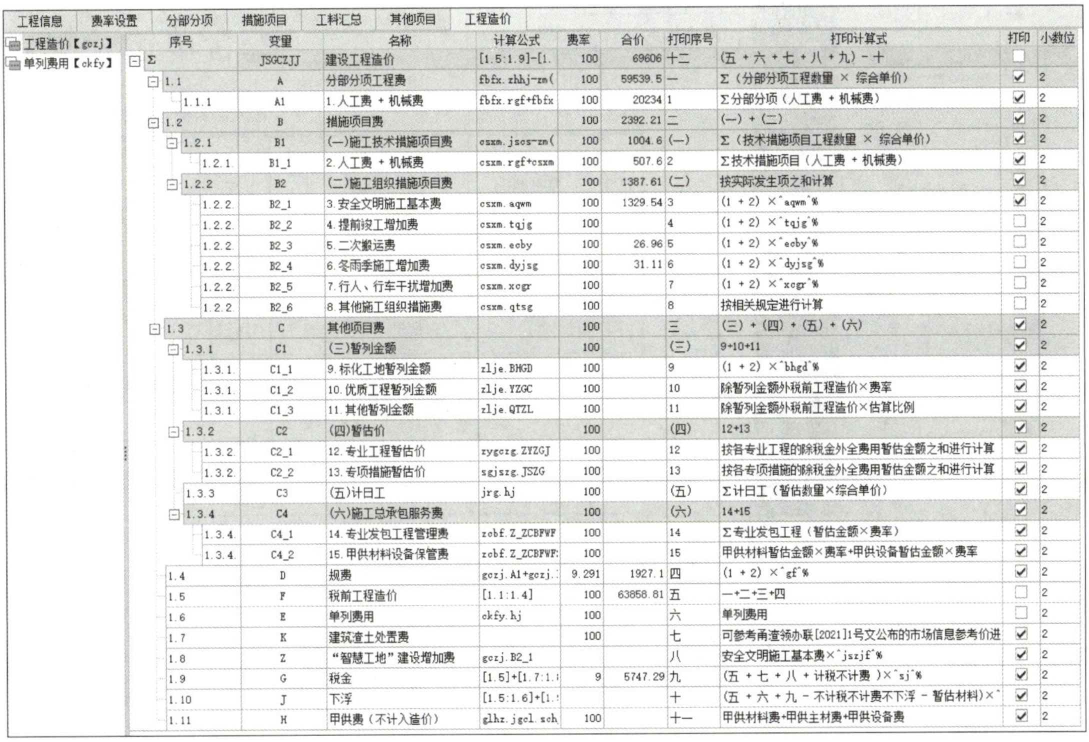

工程信息　费率设置　分部分项　措施项目　工料汇总　其他项目　工程造价

工程造价【gczj】
单列费用【ckfy】

序号	变量	名称	计算公式	费率	合价	打印序号	打印计算式	打印	小数位
Σ	JSGCZJJ	建设工程造价	[1.5:1.9]-[1.	100	69606	十二	(五 + 六 + 七 + 八 + 九) - 十	☐	
1.1	A	分部分项工程费	fbfx.zhhj-zm(	100	59539.5	一	Σ(分部分项工程数量 × 综合单价)	☑	2
1.1.1	A1	1.人工费 + 机械费	fbfx.rgf+fbfx	100	20234	1	Σ分部分项(人工费 + 机械费)	☑	2
1.2	B	措施项目费		100	2392.21	二	(一) + (二)	☑	2
1.2.1	B1	(一)施工技术措施项目费	csxm.jscs-zm(	100	1004.6	(一)	Σ(技术措施项目工程数量 × 综合单价)	☑	2
1.2.1.	B1_1	2.人工费 + 机械费	csxm.rgf+csxm	100	507.6	2	Σ技术措施项目(人工费 + 机械费)	☑	2
1.2.2	B2	(二)施工组织措施项目费		100	1387.61	(二)	按实际发生项之和计算	☑	2
1.2.2.	B2_1	3.安全文明施工基本费	csxm.aqwm	100	1329.54	3	(1 + 2) ×^aqwm^%	☑	2
1.2.2.	B2_2	4.提前竣工增加费	csxm.tqjg	100		4	(1 + 2) ×^tqjg^%	☐	2
1.2.2.	B2_3	5.二次搬运费	csxm.ecby	100	26.96	5	(1 + 2) ×^ecby^%	☐	2
1.2.2.	B2_4	6.冬雨季施工增加费	csxm.dyjsg	100	31.11	6	(1 + 2) ×^dyjsg^%	☐	2
1.2.2.	B2_5	7.行人、行车干扰增加费	csxm.xcgr	100		7	(1 + 2) ×^xcgr^%	☐	2
1.2.2.	B2_6	8.其他施工组织措施费	csxm.qtsg	100		8	按相关规定进行计算	☐	2
1.3	C	其他项目费		100		三	(三) + (四) + (五) + (六)	☑	2
1.3.1	C1	(三)暂列金额		100		(三)	9+10+11	☑	2
1.3.1.	C1_1	9.标化工地暂列金额	zlje.BHGD	100		9	(1 + 2) ×^bhgd^%	☑	2
1.3.1.	C1_2	10.优质工程暂列金额	zlje.YZGC	100		10	除暂列金额外税前工程造价×费率	☑	2
1.3.1.	C1_3	11.其他暂列金额	zlje.QTZL	100		11	除暂列金额外税前工程造价×估算比例	☑	2
1.3.2	C2	(四)暂估价		100		(四)	12+13	☑	2
1.3.2.	C2_1	12.专业工程暂估价	zygczg.ZYZGJ	100		12	按各专业工程的除税金外全费用暂估金额之和进行计算	☑	2
1.3.2.	C2_2	13.专项措施暂估价	sgjszg.JSZG	100		13	按各专项措施的除税金外全费用暂估金额之和进行计算	☑	2
1.3.3	C3	(五)计日工	jrg.hj	100		(五)	Σ计日工(暂估数量×综合单价)	☑	2
1.3.4	C4	(六)施工总承包服务费		100		(六)	14+15	☑	2
1.3.4.	C4_1	14.专业发包工程管理费	zcbf.Z_ZCBFWF	100		14	Σ专业发包工程(暂估金额×费率)	☑	2
1.3.4.	C4_2	15.甲供材料设备保管费	zcbf.Z_ZCBFWF:	100		15	甲供材料暂估金额×费率+甲供设备暂估金额×费率	☑	2
1.4	D	规费	gczj.A1+gczj.:	9.291	1927.1	四	(1 + 2) ×^gf^%	☑	2
1.5	F	税前工程造价	[1.1:1.4]	100	63858.81	五	一+二+三+四	☐	2
1.6	E	单列费用	ckfy.hj	100		六	单列费用	☐	2
1.7	K	建筑渣土处置费		100		七	可参考甬渣领办联[2021]1号文公布的市场信息参考价进	☑	2
1.8	Z	“智慧工地”建设增加费	gczj.B2_1			八	安全文明施工基本费×^jszjf^%	☑	2
1.9	G	税金	[1.5]+[1.7:1.:	9	5747.29	九	(五 + 七 + 八 + 计税不计费)×^sj^%	☑	2
1.10	J	下浮	[1.5:1.6]+[1.:			十	(五 + 六 + 九 - 不计税不计费不下浮 - 暂估材料)×^	☑	2
1.11	H	甲供费(不计入造价)	glhz.jgcl.sch	100		十一	甲供材料费+甲供主材费+甲供设备费	☑	2

图 3-45　工程造价计算表

第七步，打印与导出（图 3-46）。

（1）打印

1）单表打印。在预览状态，单击“打印”按钮，然后出现“打印设置”界面。

2）批量打印。首先选择需要打印的表格，然后右击选择“勾选报表批量打印”选项即可。

（2）量导出

1）单表导出。

① 导出 Excel：在预览时，单击“导出”按钮，并选择文件名即可。Excel 导出后会提示是否打开。

园路工程工程量清单编制（微课）

② 导出其他格式。软件除了 Excel 格式外，还支持 pdf 以及 rtf 格式，用户可以根据需要选择。

2）批量导出。首先选择需要导出的表格，然后右击选择"勾选报表导出 Excel"选项即可。

图 3-46 "项目报表"输出页面

定额换算有多种类型，如人材机换算、含量换算、系数换算、增减换算、配合比换算等，每一种类型可以根据计算软件进行相应的换算操作。

园路工程工程量
清单报价
（微课）

巩固训练

按照园路工程量清单编制程序，结合当地预算软件完成任务 2.5 园路工程的工程量清单编制。

知识拓展

■ 园林结构简介

从构造上看，园路是由上部的路面和下部的路基两大部分组成（图 3-47 和图 3-48）。路基是路面的基础，为园路提供一个平整的基面，承受地面上传下来的荷载，是保证路面具有足够强度和稳定性的重要条件之一。

从路面的力学性能出发，可以把路面分为刚性路面和柔性路面两类。刚性路面，主要是指现浇的水泥混凝土面。这种路面在受力后发生混凝土板的整体作用，具有较强的

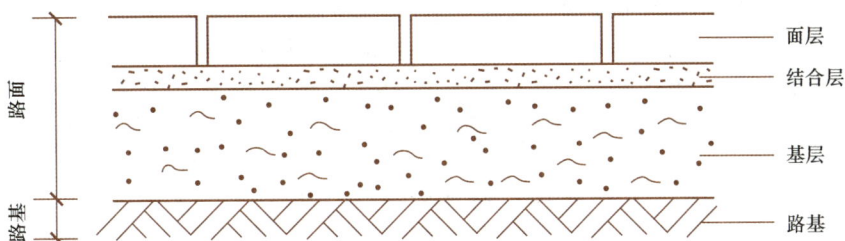

图 3-47　园路路面构造图

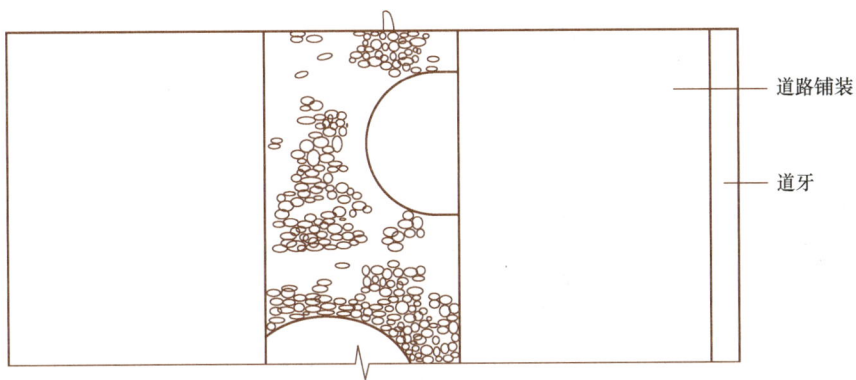

图 3-48　园路路面平面图

抗弯强度，其中又以钢筋混凝土路面的强度最大。刚性路面坚固耐久，保养翻修少，但造价较高，一般在公园、风景区的主园路和最重要的道路上采用。柔性路面是用黏性、塑性材料和颗粒材料做成的路面，也包括使用土、沥青、草皮和其他结合材料进行表面处理的粒料、块料加固的路面。柔性路面在受力后抗弯强度很小，路面强度在很大程度上取决于路基的强度。这种路面的铺路材料种类较多，适应性较强，易于就地取材，造价相对较低；园林中人流量不大的游览道、散步小路、草坪路等，适宜采用柔性路面。

园路路面结构组合形式多样。典型的园路路面构造通常包括面层、结合层、基层和垫层。

（1）面层

面层是路面最上面的一层，它直接接受人流、车辆和大气因素（如烈日、严冬、风、雨、雪等）的破坏。例如，面层选择不好，就会给游人带来"无风三尺土，雨天一脚泥"或反光刺眼等不利影响。因此，从工程上来讲，面层设计时要坚固、平稳、耐磨损，具有一定的粗糙度，少尘埃，便于清扫。

（2）结合层

结合层是在采用块料铺筑面层时，在面层和基层之间，为了结合和找平而设置的一层。一般用 3~5cm 厚的粗砂、水泥砂浆或白灰砂浆即可。

（3）基层

基层一般在土基之上，起承重作用。一方面支承由面层传下的荷载，另一方面把此荷载传给土基。基层不直接接受车辆和气候因素的作用，对材料的要求比面层低。一般用碎（砾）石、石灰土或各种工业废渣等筑成，要求较高的基层有时也用混凝土筑成。

（4）垫层

垫层是在路基排水不良或有冻胀、翻浆的路线上，为了排水、隔温、防冻的需要，用煤渣土、石灰土等筑成的。在园林中可以用加强基层的办法，而不另设此层。

各类型路面结构层的最小厚度可查表 3-7。

表 3-7　路面结构层最小厚度表

序号	结构层材料		层位	最小厚度/cm	备注
1	水泥混凝土		面层	6	
2	水泥砂浆表面处理		面层	1	1：2 水泥砂浆用粗砂
3	石片、釉面砖表面铺贴		面层	1.5	水泥砂浆做结合层
4	沥青混凝土	细粒式	面层	3	双层式结构的上层为细粒式时，其最小厚度为 2cm
		中粒式	面层	3.5	
		粗粒式	面层	5	
5	沥青表面处理		面层	1.5	
6	石板、预制混凝土板		面层	6	预制板加 $\phi 6 \sim 8$ 钢筋
7	整齐石块、预制砌块		面层	10～12	
8	半整齐、不整齐石块		面层	10～12	包括拳石、圆石
9	砖铺地		面层	6	
10	砖石铺嵌拼花		面层	5	用 1：2.5 水泥砂浆或 4：6 石灰砂浆做结合层
11	泥结碎（砾）石		基层	6	
12	级配砾（碎）石		基层	5	
13	石灰土		基层或垫层	8 或 15	老路上为 8cm，新路上为 15cm
14	二渣土三渣土		基层或垫层	8 或 15	
15	手摆大块石		基层	12～15	
16	砂、沙砾或煤渣		垫层	15	仅做平整用不限厚度

园林绿化及仿古建筑工程定额计算规则要点

请结合当地园林工程预算定额内容，指导学习者熟练掌握定额中规定的园林景观小品的工程量计算规则。

现以浙江省 2010 版园林绿化及仿古建筑工程预算定额为例，就园林小品、园路、园桥、假山、园林景观工程定额计算规则要点说明、运用注意点等作简单说明。

（1）小品子目的选用

园林小品工程形式多样，表现方法各异，用材品种不尽统一，定额子目不多，在实际使用时，能选用的项目，应采用相应的子目，如无法直接采用子目基价时，可套用其他定额子目或另行换算。

（2）假山工程量计算注意点

假山工程设计施工图比较简单，一般除塑假山有结构图或人造沟、洞等悬空较大、内有混凝土结构需要隐蔽处理的施工结点有详图外，通常只有假山立面图（效果图）、平面位置图及基础结构图三种。在工程量计算、无实际进料数量时，假山重量可按下列公式计算：

$W = 长 \times 宽 \times 高 \times 高度系数 \times 容重$

其中，长——假山不规则平面轮廓的水平投影面积的最大外接矩形之长度；

宽——假山不规则平面轮廓的水平投影面积的最大外接矩形之宽度；

高——假山石着地点至最高顶点的垂直距离；

高度系数——当高度在 1.0m 以内时该系数为 0.77，当高度在 1～2m 以内时该系数为 0.72，当高度在 2～3m 以内时该系数为 0.65，当高度在 3～4m 以内时该系数为 0.6，当高度在 4m 以上时该系数为 0.55。

这给工程量计算的准确度带来一定影响，所以在计算时一定要分清峰座的自然界限，可以添加辅助计算线，添加每一峰座的平面矩形尺寸线，同时，在假山平面位置上添加假山基座几何图形线，便于基础工程量的计算。

需要指出的是，这两种辅助线有一些区别，峰座平面位置尺寸是以矩形（正方形和长方形）为主，基础平面以几何图形（除矩形外，可以用其他规则几何图形——直角梯形、规则五边形、六边形等）表示，同时为了较为合理地确定基础的实际用材量，在具体计算时，基础可以按常规放宽尺寸考虑（例垫层比基础宽 100mm 等）。

（3）散驳石的计算方法

散驳石一般用在花坛围边或水体岸边，其计算方法基本可参照假山的计算方法。但散驳石一般高度在 1.0m 以内较多，在实际运用中也可以按以下两种方法选其一进行计算。

方法一：其长度可以累加成总长度，宽度和高度均为平均值，在其总长×宽×高的基础上，直接乘以材料的容重系数（一般可以不考虑其高度系数）。

方法二：采用宽度和高度为最大值时，应乘以其高度系数。

（4）独峰石的计算方法

独峰石的重量计算，一般的计算方法（包括石笋高度的计算）以该石峰露出地面标高至峰顶之间的高度为其净高度，长度和宽度均为其平均尺寸，独峰石重量的计算：

1）在其长×宽×净高的基础上，乘以其容重系数所得。

2) 独峰石的计算，应每块单独计算，累加其总吨位，再选用相应的定额子目，不得和散驳石笼统计算，如果笼统计算，其单价较高，和正确确定的造价之间差距较大。一般来讲，高度在 1.0m 以下均不作独峰石计算。

■ 自我评价

评价项目	技术要求	分值	评分细则	评分记录
预算模块的选择与工程信息的建立	能正确选择相关预算模块 能正确建立预算工程相关信息 会判断预算模板选择的正确性，工程信息规范	20	能顺利快速新建预算工程信息，明确不同模块对应的预算方法 新建信息不规范者扣 2～3 分 模块选择错误者扣 5 分	
园路工程工程量清单报价编制	理解综合单价法的模块项目组成 能运用预算软件按照综合单价法编制工程预算 能熟练控制预算软件操作步骤	30	国标清单和消耗量定额套用与换算错误者扣 5 分 园路工程量清单与消耗量定额不明确者扣 5～10 分 预算软件的操作步骤与程序不熟练者扣 1～10 分 预算编制不完整者扣 5～10 分	
园林景观工程工程量清单打印输出	完成全部园林景观工程预算用表格内容 按照格式要求打印全部所需表格	30	表格不完整或存在破表者扣 5 分 预算表格不全面者扣 1～10 分 工程造价表格打印不符合工程招标文件要求者扣 5～10 分	
园林景观工程量清单报价表的制作	能运用预算软件编制其他园林景观小品工程造价 能较快地发现清单报价不合理项目 能收集较真实的工程相关材料价格信息	20	运用预算软件编制景观工程工程量清单的操作步骤与程序不熟练者扣 5～10 分 审核过程中不能发现不合理部分者扣 1～10 分 工程造价报价编制不切实际者扣 3～10 分	

任务 *3.4* 　园林工程工程量清单编制与计价

【学习目标】

通过对预算软件编制工程量清单的感性认识后，结合园林工程招投标要求，进一步归纳总结提炼出园林工程工程量清单编制步骤与园林工程工程量清单报价编制步骤。通过学习，学习者能够按照招标文件要求编制出完整的园林工程量清单，同时也能够根据提供的工程量清单编制出合理的工程量清单报价，并能根据商务标要求完成投标报价书制作。

【任务分析】

本任务的主要内容是回顾前面几个任务的工作内容，将它们的具体工作内容进一步归纳总结提炼，使具体项目操作的过程升华为工程量清单与报价的基本工作程序。

本任务在讲课过程中要结合当地实际投标项目进行实践训练。

本任务的学习思路可以归纳为以下框图（图 3-49）。

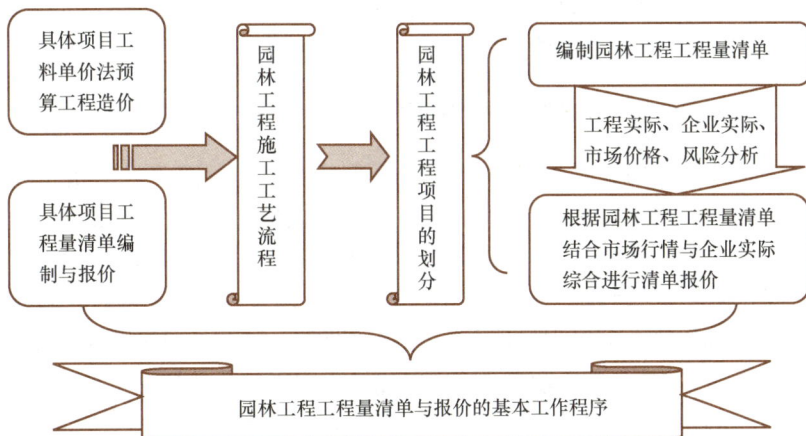

图 3-49　园林工程工程量清单与报价的基本工作程序

【思政融入提示】

结合商务标清单报价的要求，通过清单编制与计价步骤的讲解，在规范文本要求、科学合理组价、完全响应招标要求等基本知识的学习中，导入规矩意识、科学精神和守正守法品质，提高学习者的爱国、敬业价值观。

工作步骤

1. 园林工程工程量清单编制步骤

第一步，填写"封面"。

封面应按规定的内容填写、签字、盖章。

第二步，编制"总说明"。

总说明应包括下列内容：

1）工程概况。包括建设规模、工程特征（结构形式、基础类型、地基处理方式等）、招标要求工期、施工现场实际情况、交通运输情况、自然地理条件和环境保护要求等。

2）工程招标和分包范围。招标人就分包工程要求总承包人提供的服务内容。

3）园林工程工程量清单编制依据。

4）工程质量、材料、施工等的特殊要求。

5）招标人自行采购材料的名称、规格型号、数量等，招标人就自行采购材料要求总承包人提供的服务内容。

6）预留金、自行采购材料的金额数量。

7）其他需要说明的问题。

第三步，编制"分部分项工程量清单"。

分部分项工程量清单应根据建设工程工程量清单计价指引规定的统一项目编码、项目名称、计量单位和工程量计算规则进行编制。

1）项目编码。项目编码的前九位阿拉伯数字按建设工程工程量清单计价指引的项目编码填写，后三位编码由园林工程工程量清单编制人，根据拟建工程的分部分项工程量清单项目名称设置，自 001 起按顺序编制。

2）项目名称。项目名称应以建设工程工程量清单计价指引相应项目名称为主，并结合该项目的规格、型号、材质等项目特征和拟建工程的实际情况填写。

3）计量单位。计量单位按照建设工程工程量清单计价指引中相应项目的计量单位填写。

4）工程数量。

① 工程数量应按建设工程工程量清单计价指引相应"工程量计算规则"栏内规定的计算方法计算确定。

② 工程数量的有效位数应遵守下列规定：

- 以"吨（t）"为单位，应保留小数点后三位数字，第四位四舍五入；
- 以"米（m）""平方米（m²）""立方米（m³）"为单位，应保留小数点后两位数字，第三位四舍五入；
- 以"个""项"等为单位，应取整数。

5）遇建设工程工程量清单计价指引缺项的，由编制人作相应补充。补充项目填写在相应分部分项工程量清单项目最后，并在"项目编码"栏中以"补××"表示，"××"为缺项项目顺序码，自 01 起按顺序编制，并在园林工程工程量清单"总说明"中明确该项目的工作内容、计量单位及相应的工程数量计算规则。

第四步，编制"措施项目清单"。

措施项目清单中的项目名称，应根据拟建工程的具体情况，并结合施工组织设计，参照建设工程工程量清单计价指引相应的措施项目名称列项。

影响措施项目设置的因素很多，建设工程工程量清单计价指引中的"措施项目一览表"不可能一一列出。因工程具体情况不同，出现表中未列的措施项目，园林工程工程量清单编制人可作补充，补充的措施项目，应填写在相应措施清单项目最后，并在序号栏中以"补××"表示，"××"为补充的措施项目序号，自 01 起按顺序编制。

第五步，编制"其他项目清单"。

其他项目清单中的项目名称，应根据发包人要求，并结合拟建工程实际情况，参照建设工程工程量清单计价指引相应的项目名称，按招标人部分、投标人部分分别列项。招标人部分包括预留金、材料购置费等，投标人部分包括总承包服务费、零星工作项目费等。

第六步，编制"零星工作项目表"。

零星工作项目表应根据拟建工程的具体情况，由招标人预测，按下列规定进行编制。

1）名称。人工按工种名称列项；材料、机械按名称并结合规格、型号等特征列项。

2）计量单位。按基本计量单位编制。

3）数量。按可能发生的数量暂估。

2. 园林工程工程量清单报价编制步骤

第一步，填写"封面"。

封面应按规定的内容填写、签字、盖章。

第二步，填写"编制说明"。

编制说明应包括下列内容：

1）园林工程工程量清单报价文件包括的内容。

2）园林工程工程量清单报价编制依据。

3）工程质量等级、投标工期。

4）优越于招标文件中技术标准的备选方案的说明。

5）对招标文件中的某些问题有异议的说明。

6）其他需要说明的问题。

第三步，编制"投标总价"。

投标总价应按规定的内容填写、签字和盖章。

表中的投标总价应按工程项目总价表的合计金额分别按小写、大写格式填写。

第四步，编制"工程项目总价表"。

表中工程名称按招标项目的名称填写。

表中单项工程名称应按"单项工程费汇总表"的工程名称填写。

表中金额应按"单项工程费汇总表"的合计金额填写。

第五步，编制"单项工程费汇总表"。

表中单位工程名称应按"单位工程费汇总表"的工程名称填写。

表中金额应按单位工程费汇总表的合计金额填写。

第六步，编制"单位工程费汇总表"。

表中的金额应分别按"分部分项工程量清单计价表""措施项目清单计价表""其他项目清单计价表"的合计金额以及《××省建设工程施工取费定额》规定程序计算的规费、税金填写。

第七步，编制"分部分项工程量清单计价表"。

表中序号、项目编码、项目名称、计量单位和工程数量应按"分部分项工程量清单"中的相应内容填写。

综合单价的组成详见第十一条"分部分项工程量清单综合单价分析表的编制"中的有关内容。

第八步，编制"措施项目清单计价表"。

表中的序号、项目名称应按"措施项目清单"中的相应内容填写。投标人可根据自己编制的施工组织设计，增加措施项目，但不得删除不发生的措施项目。投标人增加的措施项目，应填写在相应的措施项目之后，并在"措施项目清单计价表"序号栏中以"增××"表示，"××"为增加的措施序号，自01起顺序编制。

金额按以下方法填写：

施工技术措施清单项目金额应按照分部分项工程量清单项目的综合单价计算方法确定。

施工组织措施清单项目金额可参照《××省建设工程施工取费定额》计

算确定。

措施清单项目计价时，对于不发生的措施项目，金额一律以"0"计价。

第九步，编制"其他项目清单计价表"。

招标人部分的金额应按招标人提出的数额填写。

投标人部分的总承包服务费应根据招标人提出要求所发生的费用计算确定。

零星工作项目费应按"零星工程项目计价表"的合计金额填写。

第十步，编制"零星工作项目计价表"。

表中的序号、名称、计量单位、数量应按"零星工作项目表"中的相应内容填写。

零星工作项目的综合单价参照分部分项工程量清单项目综合单价计算方法确定。

合价：合价＝数量×综合单价。

第十一步，编制"分部分项工程量清单综合单价分析表"。

表中的序号、项目编码和项目名称、工作内容和综合单价组成应与"分部分项工程量清单计价表"中的相应内容一致。

应根据规定的综合单价组成，参照下列计算方法，计算综合单价。

综合单价＝规定计量单位项目人工费＋规定计量单位项目材料费

＋规定计量单位项目机械使用费＋取费基数

×（企业管理费率＋利润率）＋风险费用

规定计量单位项目人工费＝∑（人工消耗量×价格）

规定计量单位项目材料费＝∑（材料消耗量×价格）

规定计量单位项目机械使用费＝∑（施工机械台班消耗量×价格）

分部分项工程量清单项目，其综合单价中的"取费基数"为规定计量单位项目人工费和机械使用费之和，或仅为人工费。

1）根据园林工程工程量清单项目名称和拟建工程的具体情况，按照投标人的企业定额或参照建设工程工程量清单计价指引，分析确定该清单项目的各项可组合的主要工程内容，并据此选择对应的定额子目。

2）计算一个规定计量单位清单项目所对应定额子目的工程量。

3）根据投标人的企业定额或参照本省"计价依据"，并结合工程实际情况，确定各对应定额子目的人工、材料、施工机械台班消耗量。

4）依据投标人自行采集的市场价格或参照省、市工程造价管理机构发布的价格信息，结合工程实际分析确定人工、材料、施工机械台班价格。

5）根据投标人的企业定额或参照本省"计价依据"，并结合工程实际、市场竞争情况，分析确定企业管理费率、利润率。

6）风险费用按照工程施工招标文件（包括主要合同条款）约定的风险分

担原则，结合自身实际情况，投标人防范、化解、处理应由其承担的、施工过程中可能出现的人工、材料和施工机械台班价格上涨、人员伤亡、质量缺陷、工期拖延等不利事件所需的费用。

合价：合价＝工程数量×综合单价。

第十二步，编制"措施项目费分析表"。

表中的序号、措施项目名称和金额应与"措施项目清单计价表"中的相应内容一致。

管理费、利润和风险费用参照"分部分项工程量清单综合单价分析表"有关规定填写。

第十三步，编制"主要材料价格表"。

表中的材料编码应按照《建筑安装材料统一分类编码及 2003 年基期价格》相应内容填写，材料名称、单位和规格、型号等特殊要求应按工程实际情况填写。遇缺码的，由投标人根据《建筑安装材料统一分类编码及 2003 年基期价格》规定的编码结构要求编制。

表中的单价应按投标人编制园林工程工程量清单项目报价时所采用的单价填写。

第十四步，编制"分部分项工程量清单综合单价计算表"。

表中的工程名称、项目编码、项目名称、计量单位、综合单价应与"分部分项工程量清单计价表"及"分部分项工程量清单综合单价分析表"中的相应内容一致。

表中的定额编号为清单项目可组合的各主要工程内容所对应的定额子目的定额编号。

表中的工程内容是指清单项目所包含的可组合的各主要工程内容名称。

表中的数量为规定计量单位清单项目可组合的各主要工程内容的工程数量，按照投标人企业定额或参照"计价依据"所规定的计算规则计算确定。

表中人工费、材料费、机械使用费、管理费、利润、风险费用是指完成规定计量单位清单项目所包含的某一项可组合主要工程内容所需的各项费用。

表中小计栏的合计数额，应与相应的综合单价数额一致。

第十五步，编制"措施项目费计算表"。

"措施项目费计算表（一）"用以计算施工技术措施费，具体可参照"分部分项工程量清单综合单价计算表"进行编制。

"措施项目费计算表（二）"用以计算施工组织措施费，可参考各省建设工程施工取费定额的有关内容计算。

第十六步，计算规费和税金。

规费、税金必须根据各省建设工程施工取费定额规定的标准和方法计算。

巩固训练

1. 工程量清单编制实践

（1）园林绿化项目工程量清单的编制

园林绿化工程是指对绿化植物按规划要求，所进行栽种的养护工作。依植物种类分为乔木、灌木、竹类、绿篱、花卉、草类、养护工程等。

1）乔木。起挖、栽植乔木（带土球）的工程量，按土球直径大小以每株计算；起挖、栽植乔木（裸根）的工程量，按胸径大小以每株计算。

2）灌木。起挖、栽植灌木（带土球）的工程量，按土球直径大小以每株计算；起挖、栽植灌木（裸根）的工程量，按冠丛高度以每株计算。

3）竹类。起挖、栽植竹类（散生竹）的工程量，按胸径大小以每株计算；起挖、栽植竹类（丛生竹）的工程量，按根盘丛径大小以每丛计算。

4）绿篱。按栽种长度以米计算。

5）花卉。按花卉种类以株计算。

6）草类。按种植面积以平方米计算。

园林绿化工程
工程量清单
编制（微课）

【实例 3-1】 某游园，绿地面积为 850m²，要求养护一年，以植物种植平面设计图（图略），苗木数量统计表（表 3-8）为例，编制工程量清单。

表 3-8 苗木数量统计表

序号	苗木名称	规格/cm			单位	数量	备注
		胸（地）径	高度	冠幅			
1	垂柳	5	350	300	株	5	
2	香樟	10	400	350	株	26	
3	悬铃木	4			株	4	
4	杜英	8	350	280	株	12	
5	红枫	5	150	100	株	8	
6	银杏	10	450	350	株	11	
7	海桐球		100	100	株	35	
8	红花继木球		100	100	株	28	
9	水蜡		100		株	7	
10	金边黄杨		40	30	株	8500	25 株/m²
11	连翘		100		株	35	7 株/丛
12	花卉	木本			m²	10	6 株/m²
13	结缕草				m²	500	满铺

解 依上述项目，根据《浙江省建设工程工程量清单计价指引》内容选列如下。

1. 项目编码：050101006

项目名称：整理绿化用地。

项目特征：30cm 内挖填找平。

2. 项目编码：050102001

项目名称：栽植乔木。

项目特征：垂柳、香樟、悬铃木、杜英、红枫、银杏等 66 株。

3. 项目编码：050102004

项目名称：栽植灌木。

项目特征：海桐球、红花继木球、水蜡、金边黄杨、连翘等 8605 株。

4. 项目编码：050102008

项目名称：栽植花卉。

项目特征：木本花。

5. 项目编码：050102010

项目名称：铺种草皮。

项目特征：结缕草。

根据上述选定的项目编码、项目名称和《计价规范》规定的"分部分项工程量清单表"的格式，填写"分部分项工程量清单"，见表 3-9。

表 3-9　分部分项工程量清单

工程名称：某游园绿化工程　　　　　　　　　　　　　　　　第 1 页　共 1 页

序号	项目编码	项目名称	计量单位	工程数量
1	050101006001	整理绿化地	m²	850
2	050102001001	栽植乔木：垂柳，胸径 5cm，高度 350cm，冠幅 300cm，养护期一年	株	5
3	050102001002	栽植乔木：香樟，胸径 10cm，高度 400cm，冠幅 350cm，养护期一年	株	26
4	050102001003	栽植乔木：悬铃木，胸径 4cm，养护期一年	株	4
5	050102001004	栽植乔木：杜英，胸径 8cm，高度 350cm，冠幅 280cm，养护期一年	株	12
6	050102001005	栽植乔木：红枫，地径 5cm，高度 150cm，冠幅 100cm，养护期一年	株	8
7	050102001006	栽植乔木：银杏，胸径 10cm，高度 450cm，冠幅 350cm，养护期一年	株	11
8	050102004001	栽植灌木：海桐球，高度 100cm，冠幅 100cm，养护期一年	株	35
9	050102004002	栽植灌木：红花继木球，高度 100cm，冠幅 100cm，养护期一年	株	28
10	050102004003	栽植灌木：水蜡，高度 100cm，养护期一年	株	7
11	050102004004	栽植灌木：金边黄杨，高度 40cm，冠幅 30cm，养护期一年	株	8500
12	050102004005	栽植灌木：连翘，高度 100cm，养护期一年	株	35
13	050102008001	栽植花卉：木本花，养护期一年	株	60
14	050102010001	铺种草皮：结缕草，满铺，养护一年	m²	500

7）绿化植物项目的工程量计算。在园林绿化工程中，一般设计图纸列有绿化植物种类统计表，如上例中苗木表，其工程量可以按表进行统计。但如果没有统计表，应直接在设计平面图上，进行逐个类别统计。草皮的工程量若植物统计表内无数量的，应根据图示按面积进行计算。

（2）假山、园路园桥、小品工程量清单的编制

1）按设计项目堆砌假山及塑假石山。依《计价规范》要求进行列项，其工程量按实际使用数量或依设计图纸进行估算。

2）园路、园桥。应根据《计价规范》要求进行列项，其中：园路分为园路（包括路基、垫层、路面）、路牙等；园桥分为石桥基础、石桥墩台、拱旋石、旋脸石、桥面石、桥栏杆等。具体依设计图纸内容，分别列项和按工程量计算。

【**实例 3-2**】　某公园设计图，依丈量得出甬路长 120m，路宽 2m，1∶2.5 水泥砂浆卵石拼花路面、机砖铺路牙。

解　依据《计价规范》，其项目清单如表 3-10 所示。

表 3-10　分部分项工程量清单

工程名称：某公园甬路　　　　　　　　　　　　　　　　　　　第 1 页　共 1 页

序号	项目编码	项目名称	计量单位	工程数量
1	050201001001	园路：卵石拼花路面，1∶2.5 水泥砂浆粘结，2100mm 宽 100 厚 C10 素混凝土垫层	m²	240
2	050201002001	路牙：机砖铺路牙	m	240

3）园林小品。指为增添园林观赏性而做的工艺点缀品、摆设品和小型设施等。根据《计价规范》的要求进行列项，分为桌椅及其他杂项，其工程量计算都比较简单。

（3）仿古建筑工程工程量清单编制

仿古建筑工程的工程量清单项目，国家建设行政主管部门尚未颁发，我省暂按《浙江省园林绿化及仿古建设工程预算定额》的项目编制清单项目。参考示例见表 3-11。

表 3-11　分部分项工程量清单

工程名称：×××　　　　　　　　　　　　　　　　　　　　　第 1 页　共 1 页

序号	项目编码	项目名称	计量单位	工程数量
1	补 001	150 厚青石火烧面阶沿石制作安装	m²	50
2	补 002	50 厚青色花岗岩二遍剁斧侧塘石制作安装	m²	35
3	补 003	杉木柱 φ200，制作安装	m³	1.56
4	补 004	150 厚杉木大梁制作安装	m³	2.45
5	补 005	110 厚杉木仿制作安装	m³	3.2
6	补 006	柳按木坐凳板宽 400mm，厚 60mm 制作安装	m²	10.12

2. 工程量清单计价格式编制实践

（1）工程量清单计价格式文件的编制步骤

"工程量清单计价格式文件"是编制投标文件的基本内容，是投标报价的基本依据，也是结算工程价款的基本文件，因此，正确和完整地编制好工程量清单计价文件，是非常重要的一项工作。

工程量清单计价文件的编制步骤如下：

收集资料、熟悉情况—核算工程量清单中的工程数量—计算分部分项工程量清单综合单价分析表—填写分部分项工程量清单计价表—计算措施项目费分析表—填写措施项目清单计价表—填写零星工作项目计价表—填写其他项目清单计价表—填写主要材料价格表—填写单位工程费汇总表—填写单项工程费汇总表—填写工程项目总价表和工程量清单报价表封面。

（2）工程量清单综合单价的计算方法

根据以上编制步骤，结合实际，介绍一下分部分项工程量清单综合单价计算方法，其他步骤这里就不多介绍。

综合单价应是报价人在保持企业最低成本的基础上，所提出的分部分项工程的竞争单价。所谓最低成本，一是完成分部分项工程所需的人工、材料、机械费，应是在保证工程质量前提下，使所用的人工最少，材料价格最廉。二是精简机构减少管理费用，采取薄利多销政策，使管理费率和利润率降低，只有这样形成的单价，才具有竞争力。

计算工程量清单综合单价，应区分编制标底和进行报价，两种情况稍有区别。

● **编制招标标底的综合单价计算**

编制标底是指招标人或委托制标机构，对招标项目所需的工程费用，预算出其工程总造价的费用文件。招标标底的计价标准，是根据政府主管部门颁发的统一基价表及费用文件。

综合单价是指包括工程项目所需的人工费、材料费、机械费、管理费、利润和风险因素等所组成的单价，这些费用的计算方法如下。

1）综合单价中的人工费、材料费、机械费的计算。编制标底时，人材机三项可根据《浙江省园林绿化及仿古建筑工程预算定额》，按下式计算综合单价：

$$人工费 = \sum（分部分项工程量 \times 定额人工费）$$

$$材料费 = \sum（分部分项工程量 \times 定额材料费）$$

$$机械费 = \sum（分部分项工程量 \times 定额机械费）$$

2）综合单价中管理费和利润的计算。管理费和利润的计算，应按照我省的"计价管理办法"，计费方法如下：

$$管理费 = （人工费 + 机械费） \times 管理费率$$

$$利润 = （人工费 + 机械费） \times 利润率$$

3）综合单价中风险因素的计算。综合单价中的风险因素，应根据工程大小、施工现场地理环境好坏和影响因素等，由施工企业自行确定，在一般正常情况条件下，为降低投标的报价额度，多作回避。考虑风险因素时，应根据风险大小制定出一个费率，可按下式计算：

$$风险因素费 = （人工费 + 材料费 + 机械费）× 风险因素费率$$

4）综合单价的计算综合单价是上述费用的合价。

$$综合单价 = 人工费 + 材料费 + 机械费 + 管理费 + 利润 + 风险因素费$$

【实例 3-3】 某工程挖基础土方为三类土：挖地槽 56.9m³；挖地坑为 3.5m³。设管理费率为 18%，利润率为 12%，计算其综合单价。

解 该基础土方包括挖地槽和挖地坑，土方为三类土，查看有关基础图可知挖土深度为 0.8m，由此，根据定额挖土方章节，可套用定额编号 4—5 项挖地槽、4—17 项挖地坑子目，其综合单价按比例：挖地槽为 56.9/(56.9+3.5)=0.942，挖地坑为 3.5/(56.9+3.5)=0.058 进行计算，则

$$人工费 = 地槽基价 × 0.942 + 地坑基价 × 0.058$$
$$= 11 × 0.942 + 10.9 × 0.058 = 10.99 \ 元/m^3$$
$$材料费 = 0$$
$$机械费 = 0$$
$$管理费 = （10.99 + 0）× 18\% = 1.98 \ 元/m^3$$
$$利润 = （10.99 + 0）× 12\% = 1.32 \ 元/m^3$$
$$综合单价 = 10.99 + 0 + 0 + 1.98 + 1.32 = 14.29 \ 元/m^3$$

（3）编制报价单的综合单价计算

报价单是指投标人按照招标文件的要求，根据自身编制的定额基价表或参考浙江省定额费用文件，计算出投标项目所需工程总造价的费用文件。因此，投标报价的费用计算标准，可以自行选择和确定。

1）清单工程量正常情况下的综合单价计算。如果是投标报价，当工程量经核实后，确认清单所给出的工程量正确无误时，按本企业编制的"企业定额"，计算综合单价。但在目前还没有企业定额之前，可以参照《浙江省园林绿化及仿古建筑工程预算定额》，结合企业实力进行报价。

2）清单工程量有误差的综合单价计算。目前，各地方投标方式大多是工程量清单进行投标，虽然工程量清单投标，工程量是可调的，但往往有很多项目是采用固定价格合同，并规定可调的条件，也即固定单价合同。在这种情况下，当工程量经核实后，发现工程量清单中的工程量有误差时，应及时与招标人取得联系商讨解决办法。

3. 工程量清单计价编制实践

【实例 3-4】 以实例 3-2 园路工程量清单为依据，材料价按定额单价，管理费率按 18%，利润率按 12%，环境保护费率 0.2%，文明施工费率 1.05%，安全施工费率 0.65%，临时设施费率 4.2%，编制综合单价分析表、工程量

清单计价表、措施项目清单计价表。其他项目清单计价表。

解　1. 卵石拼花路面的综合单价分析

卵石路面包括浇素混凝土垫层，筑路面等，其中：

混凝土垫层，单独套用子目 2-43，其工程量 $= 2.1 \times 0.1 \times 120 = 25.2 \text{m}^2$。

故其费用分析计算式如下：

卵石路面费用 = 铺卵石定额费 + 混凝土垫层定额费 × 混凝土垫层工程量/路面工程

其中，

$$混凝土垫层工程量/路面工程 = 25.2/240 = 0.105$$

根据园路、园桥章节子目，路面套用子目 2-44、垫层套用子目 2-43，则

$$人工费 = 50.4 + 0.105 \times 54.6 = 56.13 \text{ 元}/\text{m}^2$$

$$材料费 = 20.84 + 132.667 \times 0.105 = 34.77 \text{ 元}/\text{m}^2$$

$$机械费 = 0 + 3.606 \times 0.105 = 0.38 \text{ 元}/\text{m}^2$$

$$管理费 = (56.13 + 0.38) \times 18\% = 10.17 \text{ 元}/\text{m}^2$$

$$利润 = (56.13 + 0.38) \times 12\% = 6.78 \text{ 元}/\text{m}^2$$

$$综合单价 = 56.13 + 34.77 + 0.38 + 10.17 + 6.78 = 108.23 \text{ 元}/\text{m}^2$$

2. "机砖路牙"的综合单价分析

机砖路牙套用 2-75 砖路牙铺筑子目，则

$$人工费 = 9.94 \text{ 元}/\text{m}$$

$$材料费 = 12.04 \text{ 元}/\text{m}$$

$$机械费 = 0$$

$$管理费 = (9.94 + 0) \times 18\% = 1.79 \text{ 元}/\text{m}$$

$$利润 = (9.94 + 0) \times 12\% = 1.19 \text{ 元}/\text{m}$$

$$综合单价 = 9.94 + 12.04 + 1.79 + 1.19 = 24.96 \text{ 元}/\text{m}$$

3. 编制综合单价分析表

将以上分析所得数据，填写到"分部分项工程量清单综合单价分析表"内，如表 3-12 所示。

表 3-12　分部分项工程量清单综合单价分析表

工程名称：某公园甬路　　　　　　　　　　　　　　　　　第 1 页　共 1 页

序号	项目编码	项目名称	综合单价/元					
			人工费	材料费	机械费	管理费	利润	小计
1	050201001001	园路：卵石拼花路面，1∶2.5 水泥砂浆粘结，2100mm 宽 100 厚 C10 素混凝土垫层	56.13	34.77	0.38	10.17	6.78	108.23
	2-44	园路面层，满铺卵石路面拼花	50.4	20.84	0	9.07	6.05	86.36
	2-43	C10 混凝土垫层	5.73	13.93	0.38	1.10	0.73	21.87
2	050201002001	路牙：机砖铺路牙	9.94	12.04	0	1.79	1.19	24.96
	2-75	砖路牙铺筑	9.94	12.04	0	1.79	1.19	24.96

4. 编制分部分项工程量清单计价表

将以上分析所得数据，填写到"分部分项工程量清单计价表"内，如表 3-13 所示。

表 3-13　分部分项工程量清单计价表

工程名称：某公园甬路　　　　　　　　　　　　　　　　　　　　　第 1 页　共 1 页

序号	项目编码	项目名称	计量单位	工程数量	综合单价/元	综合合价/元
1	050201001001	园路：卵石拼花路面，1：2.5 水泥砂浆粘结，2100mm 宽 100 厚 C10 素混凝土垫层	m²	240	108.23	25 975.2
2	050201002001	路牙：机砖铺路牙	m	240	24.96	5 990.4
合计			元			31 965.6

5. 措施项目清单计价表

措施项目费是为保证工程质量和工期的顺利完成而采取的一些施工措施，包括技术措施和组织措施。根据《计价规则》我省在措施项目一览表，列出"通用项目"14 项，其中属于施工技术措施项目的有 5 项，属于施工组织措施的有 9 项。

施工技术措施费是指采用直接参与工程实体运作的技术手段，使工程按计划顺利进行的一些措施。措施项目一览表中的 5 项，即大型机械设备进出场及安拆费、混凝土或钢筋混凝土模板及支架费、脚手架费、施工排水降水费、其他施工技术措施费等。这些措施项目其计算方法完全与分部分项工程项目的费用计算一样，这里不多作介绍，其在编制工程造价时可先查用，再根据本企业长期使用的资料，制定出节省折算系数乘以定额。

施工组织措施是指采用不能直接参与工程实体运作，但为保障工程顺利进行，对工程施工所采取的一些服务性措施。措施项目一览表中的 9 项，即环境保护费、文明施工费、安全施工费、临时设施费、夜间施工增加费、缩短工期增加费、二次搬运费、已完工程及设备保护费、其他施工组织措施费等。这些措施项目的共同特点是，它不能直接用量化的方法加以计量，所以用费率形式加以确定。

根据题目取费费率，计算如下：

人工费＋机械费 ＝56.13×240＋9.94×240＋0.38×240＝15 948 元

环境保护费 ＝15 948×0.2％＝31.9 元

文明施工费 ＝15 948×1.05％＝167.45 元

安全施工费 ＝15 948×0.65％＝103.66 元

临时设施费 ＝15 948×4.2％＝669.82 元

根据以上数据，填写"措施项目清单计价表"，如表 3-14 所示。

表 3-14 措施项目清单计价表

序号	项目名称	金额/元
一	施工组织措施费	972.83
1	环境保护	31.9
2	文明施工	167.45
3	安全施工	103.66
4	临时设施	669.82
二	施工技术措施费	0
1	夜间施工	0
2	赶工措施	0
3	二次搬运	0
4	已完工程及设备保护	0
5	其他施工组织措施费	0

6. 其他项目清单计价表

其他项目清单计价表包括招标人提留的预留金、材料采购费，投标人报价的总承包服务费、零星工作项目费等。一般预留金根据工程规模大小和现场地理环境情况，按分部分项工程费的 3%～5% 计算；总承包服务费一般按分包工程费的 1%～3% 计取。

知识拓展

园林工程工程量清单编制

1. 操作规程

1）园林工程工程量清单应由具有编制招标文件能力的招标人或受其委托具有相应资质的中介机构进行编制。

具有编制招标文件能力的招标人是指招标人应具有与招标项目规模和复杂程度相适应的工程技术、管理、造价等方面的专业技术人员，且必须是招标人的专职人员，造价工程师的注册单位应与招标人相一致。

2）园林工程工程量清单由封面、填表须知、总说明、分部分项工程量清单、措施项目清单、其他项目清单和零星工作项目表等七部分组成。

若拟建工程无须发生"其他项目"时，"其他项目清单"和"零星工作项目表"仍由招标人以空白表格形式发至投标人。

3）编制园林工程工程量清单，出现建设工程工程量清单计价指引未包括的项目，由编制人按建设工程工程量清单计价指引的有关规定作相应补充，并应将有关资料报省建设工程造价管理总站备案。

2. 园林工程工程量清单格式

园林工程工程量清单编制应采用统一格式。园林工程工程量清单格式应由下列内容组成：封面、填表须知、总说明、分部分项工程量清单、其他项目清单、零星工作项目表。

（1）封面

工程量清单

招　标　人：＿＿＿＿＿＿＿＿＿＿＿（单位签字盖章）

法定代表人：＿＿＿＿＿＿＿＿＿＿＿（签字盖章）

中　介　机　构

法定代表人：＿＿＿＿＿＿＿＿＿＿＿（签字盖章）

造价工程师

及注册证号：＿＿＿＿＿＿＿＿＿＿＿（签字盖执业专用章）

编制时间：＿＿＿＿＿＿＿＿＿＿＿

（2）填表须知

填 表 须 知

（一）工程量清单及其计价格式中所有要求签字、盖章的地方，必须由规定的单位和人员签字、盖章。

（二）工程量清单及其计价格式中的任何内容不得随意删除或涂改。

（三）工程量清单计价格式中列明的所有需要填报的单价和合价，投标人均应填报，未填报的单价和合价，视为此项费用已包含在工程量清单的其他单价和合价中。

（四）金额（价格）均应以＿＿＿＿＿＿＿＿表示。

（3）总说明

总 说 明

工程名称：　　　　　　　　　　　　　　　　　　　　　　　　第　页　共　页

（4）分部分项工程量清单

分部分项工程量清单

工程名称：　　　　　　　　　　　　　　　　　　　　　　　　第　页　共　页

序号	项目编号	项目名称	计量单位	工程数量

（5）措施项目清单

措施项目清单

工程名称：   第　页　共　页

序号	项目名称

（6）其他项目清单

其他项目清单

工程名称：   第　页　共　页

序号	项目名称
1	招标人部分
2	投标人部分

（7）零星工作项目表

零星工作项目表

工程名称：   第　页　共　页

序号	名称	计量单位	数量
1	人工		
2	材料		
3	机械		

■ 园林工程工程量清单报价

1. 操作规程

1）园林工程工程量清单报价应包括按照招标文件规定，完成园林工程工程量清单所列项目的全部费用，包括分部分项工程费、措施项目费、其他项目费、规费和税金。

2）园林工程工程量清单投标报价应根据招标文件的有关要求和园林工程工程量清单、施工现场实际情况、拟订的施工方案或施工组织设计、投标人自身情况，依据企业定额和市场价格信息，或参照各省颁布的"计价依据"以及建设工程工程量清单计价指引进行编制。

3）园林工程工程量清单报价应统一使用综合单价计价方法。

综合单价计价方法是指项目单价采用全费用单价（规费、税金按各省建设工程施工取费定额规定的程序另行计算）的一种计价方法。综合单价是指完成园林工程工程量清单中的一个规定计量单位项目所需的人工费、材料费、机械使用费、企业管理费、利润和风险费用之和。

（1）封面

4）园林工程工程量清单报价格式应与招标文件一起发至投标人。

5）"其他项目清单"和"零星工作项目表"以空白表格形式提供的，"其他项目清单计价表""零星工作项目计价表"中小计和合计栏均以"0"计价。

2. 园林工程工程量清单报价格式

园林工程工程量清单报价应采用统一格式。园林工程工程量清单报价格式应由下列内容组成：封面、编制说明、投标总价、工程项目总价表、单项工程费汇总表、单位工程费汇总表、分部分项工程量清单计价表、措施项目清单计价表、其他项目清单计价表、零星工作项目计价表、分部分项工程量清单综合单价分析表、措施项目费分析表、主要材料价格表。

此外还可以包括分部分项工程量清单综合单价计算表、措施项目费计算表（一）、措施项目费计算表（二）。

分部分项工程量清单综合单价分析（计算）表、措施项目费分析（计算）表，应由招标人根据需要提出要求后填写。

园林工程工程量清单报价表

投 标 人：＿＿＿＿＿＿＿＿＿＿＿（单位签字盖章）

法定代表人：＿＿＿＿＿＿＿＿＿＿＿（签字盖章）

造价工程师

及注册证号：＿＿＿＿＿＿＿＿＿＿＿（签字盖执业专用章）

编 制 时 间：＿＿＿＿＿＿＿＿＿＿＿

（2）编制说明

编 制 说 明

工程名称：第 页 共 页

（3）投标总价

投 标 总 价

建 设 单 位：_____

工 程 名 称：_____

投标总价（小写）：_____

（大写）：_____

投 标 人：_____（单位签字盖章）

法定代表人：_____（签字盖章）

编制时间：_____

（4）工程项目总价表

工程项目总价表

工程名称：第 页 共 页

序号	单项工程名称	金额/元
	合计	

（5）单项工程费汇总表

单项工程费汇总表

工程名称：   第 页 共 页

序号	单位工程名称	金额/元
	合计	

（6）单位工程费汇总表

单位工程费汇总表

工程名称：   第 页 共 页

序号	单位工程名称	金额/元
1	分部分项工程量清单合计	
2	措施项目清单计价合计	
3	其他项目清单计价合计	
4	规费	
5	税金	
	合计	

（7）分部分项工程量清单计价表

分部分项工程量清单计价表

工程名称：   第 页 共 页

序号	项目编号	项目名称	计量单位	工程数量	金额/元	
					综合单价	合价
	本页小计					
	合计					

（8）措施项目清单计价表

措施项目清单计价表

工程名称：　　　　　　　　　　　　　　　　　　　　　　　　　第　页　共　页

序号	项目名称	金额/元
	合计	

（9）其他项目清单计价表

其他项目清单计价表

工程名称：　　　　　　　　　　　　　　　　　　　　　　　　　第　页　共　页

序号	项目名称	金额/元
1	招标人部分	
	小计	
2	投标人部分	
	小计	
	合计	

（10）零星工作项目计价表

零星工作项目计价表

工程名称：

序号	名称	计量单位	数量	金额/元	
				综合单价	合价
1	人工				
	小计				
2	材料				
	小计				
3	机械				
	小计				
	合计				

（11）分部分项工程量清单综合单价分析表

分部分项工程量清单综合单价分析表

工程名称：

序号	项目编号	项目名称	综合单价/元							
			工程内容	人工费	材料费	机械费	管理费	利润	风险费用	小计

（12）措施项目费分析表

措施项目费分析表

工程名称：　　　　　　　　　　　　　　　　　　　　　　　　　　　　第　页　共　页

序号	措施项目名称	单位	数量	综合单价/元						
				人工费	材料费	机械费	管理费	利润	风险费用	小计

（13）主要材料价格表

主要材料价格表

工程名称：　　　　　　　　　　　　　　　　　　　　　　　　　　　　第　页　共　页

序号	材料编号	材料名称	规格、型号等特殊要求	单位	单价/元

（14）分部分项工程量清单综合单价计算表

分部分项工程量清单综合单价计算表

工程名称：　　　　　　　　　　　　　　　　　　计量单位：

项目编码：　　　　　　　　　　　　　　　　　　工程数量：

项目名称：　　　　　　　　　　　　　　　　　　综合单价：

序号	定额编号	工程内容	单位	数量	其中						小计/元
					人工费/元	材料费/元	机械费/元	管理费/元	利润/元	风险费用/元	
	合计										

（15）措施项目费计算表（一）

措施项目费计算表（一）

工程名称：　　　　　　　　　　　　　　　　　　　　　　计量单位：

项目编码：　　　　　　　　　　　　　　　　　　　　　　工程数量：

项目名称：　　　　　　　　　　　　　　　　　　　　　　综合单价：

序号	定额编号	工程内容	单位	数量	其中						小计/元
					人工费/元	材料费/元	机械费/元	管理费/元	利润/元	风险费用/元	
	合计										

（16）措施项目费计算表（二）

措施项目费计算表（二）

工程名称：　　　　　　　　　　　　　　　　　　　　　　第　页　共　页

序号	项目名称	单位	计算式	金额/元
	合计			

自我评价

评价项目	技术要求	分值	评分细则	评分记录
园林工程量清单编制步骤	能按步骤完成园林工程量清单编制　能正确填写工程量清单表格内容　会根据工程施工工艺流程分析清单组成	30	能熟练完成园林工程量清单编制，操作不熟练者扣2~3分　能解释工程量清单各表格须填写内容，每不能解释一个表格扣5分　清单组成不明确者扣5~10分	

续表

评价项目	技术要求	分值	评分细则	评分记录
园林工程工程量清单编制规程与格式	理解园林工程工程量清单编制规程 能按照工程量清单格式要求编制清单	20	工程量清单编制不符合规程者扣5～10分 工程量清单格式不符合要求者扣5～10分	
园林工程工程量清单报价编制步骤	能按步骤编制园林工程量清单报价 能正确填写工程量清单报价表格内容 会根据工程施工工艺流程进行清单组价	30	能熟练完成园林工程量清单报价编制，操作不熟练者扣2～3分 能解释工程量清单报价表格须填写内容，填写不合格者扣5～10分 清单组价不明确者扣5～10分	
园林工程工程量清单报价编制规程与格式	理解编制园林工程工程量清单报价规程 能按照工程量清单报价格式要求编制清单报价	20	工程量清单报价表编制不符合规程者扣5～10分 工程量清单报价表格式不符合要求者扣5～10分	

项目 **4**

园林工程竣工结算与决算

项目目标 ☞ | **知识目标**

　　通过该项目的学习，学习者能够在园林工程竣工结算中，理解园林工程的结算方式，明确园林工程预付款与进度款的拨付程序；做好工程进度款的资料编制工作，工程竣工后能根据工程竣工资料完成竣工结算编制。竣工结算完成后，能按照工程建设要求配合建设单位做好园林工程竣工决算编制，并做好归档工作。

能力目标

1. 根据园林工程承包合同不同，能确定对应的结算方式，并结合工程实际进行结算。
2. 能根据工程进度编制进度款申请表。
3. 能根据联系单计算出工程变化的工程量及工程造价。
4. 能根据预算书以及工程联系单等进行园林工程结算编制。
5. 能顺利与审计单位配合完成造价审计，并能按照工程建设要求配合建设单位做好园林工程竣工决算编制。

🌲 工作任务

1. 工程预付款与进度款的拨付。
2. 编制园林工程竣工结算。
3. 编制园林工程竣工决算。

任务 4.1 工程预付款与进度款的拨付

【学习目标】

园林工程结算根据施工阶段的不同，主要有工程预付款及进度款的拨付和竣工结算等内容。本任务主要让学习者学会运用工程预付款及进度款的拨付来进行工程结算。

工程预付款是建设工程施工合同订立后由发包人按照合同约定，在正式开工前预先支付给承包人的工程款；进度款与工程的实际进度相结合。学习者要学会工程预付款的计算方法与扣回安排；能根据工程进度编制申请表获得相应工程进度款。

【任务分析】

园林工程预付款和进度款分别是工程开工前与工程施工过程中进行工程结算的内容，这些都直接与工程造价联系在一起，因此二者的计算过程都需要相关工程造价依据，需要学习者熟练掌握其中的总价、工期、材料费、工程量清单报价、已完工程量等数据概念。本任务主要让学习者掌握以下内容：即工程预付款的计算与扣回；工程进度款的计算与支付等。

工程预付款与
进度款的支付
（微课）

【思政融入提示】

在具体工作步骤教学中引入合同条款要求，通过合同条款要求的讲解、相关计算程序的实践，培养学生的契约思维、平等友善的意识和守正守法的品质。

工作步骤

1. 工程预付款计算与扣回程序

第一步，明确工程预付款的规定。

工程预付款是建设工程施工合同订立后由发包人按照合同约定，在正式开工前预先支付给承包人的工程款。它是施工准备和所需要材料、结构件等流动资金的主要来源，国内习惯上又称为预付备料款。预付工程款的具体事宜由承发包双方根据建设行政主管部门的规定，结合工程款、建设工期和包工包料情况在合同中约定。《建设工程施工合同（示范文本）》对有关工程预付款作了如下约定："实行工程预付款的，双方应当在专用条款内约定发包人向承包人预付工程款的时间和数额，开工后按约定的时间和比例逐次扣回。

预付时间应不迟于约定的开工日期前 7 天。发包人不按约定预付，承包人在约定预付时间 7 天后向发包人发出要求预付的通知，发包人收到通知后仍不能按要求预付，承包人可在发出通知后 7 天停止施工，发包人应从约定应付之日起向承包人支付应付款的贷款利息，并承担违约责任。"

第二步，根据工程合同要求，计算工程预付款。

工程预付款额度，各地区、各部门的规定不完全相同，主要是保证施工所需材料和构件的正常储备。一般是根据施工工期、园林工程工作量、主要材料和构件费用占园林工程工作量的比例以及材料储备周期等因素经测算来确定。

1）在合同条件中约定。发包人根据工程的特点、工期长短、市场行情、供求规律等因素，招标时在合同条件中约定工程预付款的百分比。

2）公式计算法。公式计算法是根据主要材料（含结构件等）占年度承包工程总价的比重，材料储备定额天数和年度施工天数等因素，通过公式计算预付备料款额度的一种方法。

计算公式为

$$工程预付款数额 = \frac{工程总价 \times 材料比重（\%）}{年度施工天数} \times 材料储备定额天数$$

$$工程预付款比例 = \frac{工程预付款数额}{工程总价} \times 100\%$$

式中，年度施工天数按 365 天日历天计算；材料储备定额天数由当地材料供应的在途天数、加工天数、整理天数、供应间隔天数、保险天数等因素决定。

【实例 4-1】 某小区园林景观工程合同总价为 180 万元，其中，工程主要材料、构件所占比重为 68%，材料储备定额天数为 45 天，问：该园林工程预付款为多少万元？

解 按工程预付款数额计算公式有

$$工程预付款 = \frac{180 \times 68\%}{365} \times 45 = 15.09 \text{ 万元}$$

因此，工程预付款为 15.09 万元。

第三步，工程预付款的扣回。

发包人支付给承包人的工程预付款其性质是预支。随着工程进度的推进，拨付的工程进度款数额不断增加，工程所需主要材料、构件的用量逐渐减少，原已支付的预付款应以抵扣的方式予以陆续扣回。扣款的方法如下：

- 由发包人和承包人通过洽商用合同的形式予以确定，采用等比率或等额扣款的方式；也可针对工程实际情况具体处理，如有些工程工期较短、造价较低，就无须分期扣还；有些工期较长，如跨年度工程，其备料款的占用时间很长，根据需要可以少扣或不扣。

- 从未施工工程尚需的主要材料及构件的价值相当于工程预付款数额时扣起，从每次中间结算工程价款中，按材料及构件比重扣抵工程价款，至竣工之前全部扣清。因此，确定起扣点是工程预付款起扣的关键。

确定工程预付款起扣点的依据：未完施工工程所需主要材料和构件的费用，等于工程预付款的数额。

工程预付款起扣点可按下式计算：

$$T = P - M/N$$

式中，T——起扣点，即工程预付款开始扣回的累计完成工程金额；

P——承包工程合同总额；

M——工程预付款数额；

N——主要材料，构件所占比重。

【实例 4-2】　按上例题中预付款计算，问：起扣点为多少万元？

解　按起扣点计算公式：

$$T = P - M/N = 180 - 15.09/68\% = 157.81 \text{ 万元}$$

则当工程完成 157.81 万元时，本项工程预付款开始起扣。

2. 园林工程进度款的计算与支付

第一步，根据相关规范明确工程进度款结算的规则。

《建设工程施工合同（示范文本）》对工程款的支付也作出了相应的约定："在确认计量结果后 14 天内，发包人应向承包人支付工程款（进度款）"。"发包人超过约定的支付时间不支付工程款（进度款），承包人可向发包人发出要求付款的通知，发包人接到承包人通知后仍不能按要求付款，可与承包人协商签订延期付款协议，经承包人同意后可延期支付。协议应明确延期支付的时间和从计量结果确认后第 15 天起计算应付款的贷款利息"。"发包人不按合同约定支付工程款（进度款），双方又未达成延期付款协议，导致施工无法进行，承包人可停止施工，由发包人承担违约责任"。

第二步，根据发包人和承包人的事先约定决定工程价格的计价方法。

工程进度款的计算，主要涉及两个方面：一是工程量的计量；二是单价的计算方法。

工程量的计算根据工程实际进度完成情况进行工程量计算。

单价的计算方法，主要根据由发包人和承包人事先约定的工程价格的计价方法决定。目前在我国一般来讲，工程价格的计价方法可以分为工料单价法和综合单价法两种。所谓工料单价法是指分部分项工程项目单价采用直接工程费单价（工料单价）的一种计价方法，综合费用（企业管理费和利润）、规费及税金单独计取。所谓综合单价法是指分部分项项目及施工技术措施费项目的单价除规费和税金外的是全费用单价（综合单价）的一种计价方式，规费、税金单独计取，综合单价是指完成工程量清单中一个规定计量单位项目所需的人工费、材料费、机械使用费、企业管理费和利润，并考虑了风险因素。二者在选择时，既可采取可调价格的方式，即工程价格在实施期间可随价格变化而调整，也可采取固定价格的方式，即工程价格在实施期间不因价格变化而调整，在工程价格中已考虑价格风险因素并在合同中明确了固定价格所包括的内容和范围。实践中采用较多的是可调工料单价法和固定综合单价法，进行工程进度款计算。

可调工料单价法将工、料、机再配上预算价作为直接成本单价，其他直接成本、间接成本、利润、规费及税金分别计算；因为价格是可调的，其材料等费用在竣工结算时按工程造价管理机构公布的竣工调价系数或材料信息价进行调整计算，目前情况下机械费用采用系数调整法的比较多，建筑材料采用信息价调整的比较多；固定综合单价法是包含了风险费用在内的全费用单价，故不受时间价值的影响。由于这两种计价方法的不同，工程进度款的计算方法也不同。

第三步，计算园林工程进度款。

根据工程合同要求，可调工料单价法和固定综合单价法计算工程进度款时的方法有所不同，其中，采用可调工料单价法计算工程进度款时，在确定已完工程量后，可按以下步骤计算工程进度款：

1) 根据已完工程量的项目名称、分项编号、单价得出合价。
2) 将本月所完全部项目合价相加，得出直接工程费和施工技术措施费的小计。
3) 按规定计算施工组织措施费、综合费用（企业管理费和利润）。
4) 按规定计算规费和税金。
5) 累计本月应收工程进度款。

用固定综合单价法计算工程进度款比用可调工料单价法更方便、省事，工程量得到确认后，只要将工程量与综合单价相乘得出合价，累加之后再计算规费和税金即可完成本月工程进度款的计算工作。

第四步，园林工程进度款的支付。

工程进度款的支付，一般按当月实际完成工程量进行结算，工程竣工后办理竣工结算。在工程竣工前，承包人收取的工程预付款和进度款的总额一般不超过合同总额（包括工程合同签订后经发包人签证认可的增减工程款）的 95%，其余 5% 尾款，在工程竣工结算时除保修金外一并清算。

【实例 4-3】　某园林工程承包合同总额为 600 万元，主要材料及结构件金额占合同总额 62.5%，预付备料款额度为 25%，预付款扣款的方法是以未施工工程尚需的主要材料及构件的价值相当于预付款数额时起扣，从每次中间结算工程价款中，按材料及构件比重抵扣工程价款。保留金为合同总额的 5%。2021年上半年各月实际完成合同价值如表 4-1 所示，问如何按月结算工程款。

表 4-1　各月完成合同价值

月份	二	三	四	五
完成合同价值/万元	100	180	140	180

解　1）预付备料款为

$$600 \times 25\% = 150 \text{ 万元}$$

2）求预付备料款的起扣点，即

$$开始扣回预付备料款时的合同价值 = 600 - \frac{150}{62.5\%} = 600 - 240 = 360 \text{ 万元}$$

当累计完成合同价值为 360 万元后，开始扣预付款。

3）二月完成合同价值 100 万元，结算 100 万元。

4）三月完成合同价值 180 万元，结算 180 万元，累计结算工程款 280万元。

5）四月完成合同价值 140 万元，到四月累计完成合同价值 420 万元，超过了预付备料款的起扣点。

四月应扣回的预付备料款为

$$(420 - 360) \times 62.5\% = 37.5 \text{ 万元}$$

四月结算工程款为

$$140 - 37.5 = 102.5 \text{ 万元}$$

累计结算工程款 382.5 万元。

6）五月完成合同价值 180 万元，应扣回预付备料款为

$$180 \times 62.5\% = 112.5 \text{ 万元}$$

应扣 5% 的预留款为

$$600 \times 5\% = 30 \text{ 万元}$$

五月结算工程款为

$$180 - 112.5 - 30 = 37.5 \text{ 万元}$$

累计结算工程款 420 万元，加上预付备料款 150 万元，共结算 570 万元。预留合同总额的 5% 作为保留金。

🌲 巩固训练

老师根据实际案例，将其内容加以整理提炼设计出 2～3 个项目，要求学生根据实际情况分别计算出相关工程的预付款、进度款，并按照工程进度巩固训练工程月结算工程款计算。

知识拓展

■ 工程价款的主要结算方式

按现行规定，工程价款结算可以根据不同情况采取多种方式。

1）按月结算。即先预付工程备料款，在施工过程中按月结算工程进度款，竣工后进行竣工结算。我国现行建筑安装工程价款结算中，相当一部分是实行这种按月结算方式。

2）竣工后一次结算。建设项目或单项工程全部建筑安装工程建设期在 12 个月以内，或者工程承包合同价值在 100 万元以下的，可以实行工程价款每月月中预支，竣工后一次结算。

3）分段结算。即当年开工，当年不能竣工的单项工程或单位工程按照工程形象进度，划分不同阶段进行结算。分段结算可以按月预支工程款。实行竣工后一次结算和分段结算的工程，当年结算的工程款应与分年度的工作量一致，年终不另清算。

4）其他结算。结算双方约定的其他结算方式。

自我评价

评价项目	技术要求	分值	评分细则	评分记录
园林工程造价计算的依据资料熟练程度	根据工程承包方式不同，能熟练掌握不同预算报价编制的依据资料 能理解工程造价的各组价因素	20	园林工程预算报价编制的依据资料不熟练者扣 5～10 分 工程造价各组价因素不明确者扣 5～10 分	
园林工程预付款的计算与扣回	能结合工程实际计算出工程预付款 会根据具体的工程项目确定工程预付款扣回的起扣点，并能计算每月的扣款额	30	工程预付款计算方法不理解者扣 5～10 分 工程预付款计算错误者扣 5～10 分 工程预付款扣回的起扣点计算不准确者扣 5～10 分	
园林工程进度款计算的步骤	能按照工程实际进度计算工程每月的进度款 会根据工程要求根据不同方法计算进度款	30	编制园林工程进度款申请表不合格者扣 5～10 分 园林工程进度款计算程序不规范者扣 5～10 分 不能准确计算园林工程进度款者扣 5～10 分	
园林工程月结算工程款的计算	会根据依据资料计算园林工程月结算工程款 能根据月结算款判断预付款起扣点，并完成结算工作	20	园林工程月结算工程款计算不规范者扣 5～10 分 按月计算工程结算款不符合要求者，每处扣 3～5 分	

任务 4.2　编制园林工程竣工结算

【学习目标】

工程竣工验收报告经发包人认可后 28 天内，承包人向发包人递交竣工结算报告及完整的结算资料，双方按照协议书约定的合同价款及专用条款约定的合同价款调整内容，进行工程竣工结算。工程竣工结算是指单项工程完成并达到验收标准，取得竣工验收合格签证后，园林施工企业与建设单位（业主）之间办理的工程财务结算。因此，本任务学习的目标是让学习者在完成一项园林工程施工任务后，进一步做好资料的整理，编制工程竣工结算书，为以后的工程管理提供档案资料，为合同价款的结算提供依据。

【任务分析】

单项工程竣工验收后，由园林施工企业及时整理交工技术资料。主要工程应绘制竣工图和编制竣工结算以及施工合同、补充协议、设计变更洽商等资料，送建设单位审查，经承发包双方达成一致意见后办理结算。但属于中央和地方财政投资的园林工程的结算，需经财政主管部门委托的造价咨询单位审查，有的工程还需经过审计部门审计。该任务主要从园林工程竣工结算的依据准备、结算方式的确定、园林竣工结算的编制和审查等方面进行学习，使学习者能够根据合同要求编制好工程竣工决算，并与建设单位（业主）之间办理好工程财务结算工作。

编制园林工程
竣工结算
（微课）

【思政融入提示】

在竣工结算编制步骤的讲解中，引入日常工作中联系单处理的方式与方法要求，通过具体案例讲解，培养学习者日常工作中的规范意识、与人交流的诚信、平等品质，突出结算审计过程中廉洁守法的要求。

工作步骤

1. 园林工程竣工结算的编制

工程竣工结算的编制是一项政策性较强，反映技术经济综合能力的工作，既要做到正确地反映工人创造的工程价值，又要正确地贯彻执行国家有关部门的各项规定，因此，编制工程竣工结算必须准备相关的依据资料，按照工程承包合同规定的结算方式编制竣工结算。具体步骤如图 4-1 所示。

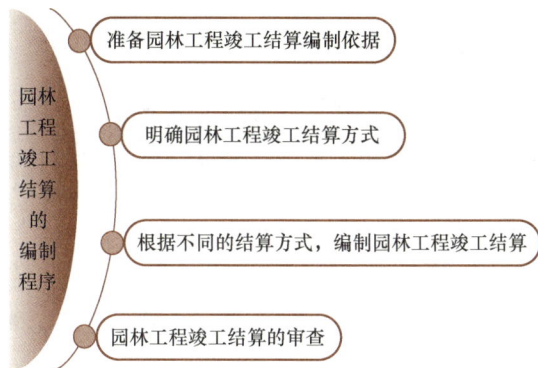

图 4-1　园林工程竣工结算的编制步骤

第一步，准备园林工程竣工结算编制依据。

园林工程竣工结算编制依据资料主要包括以下几部分：

- 工程开竣工报告及工程竣工验收单。
- 招、投标文件和经建设行政主管部门审查的建设工程施工合同书。
- 设计变更通知单和施工现场工程变更洽商记录。
- 按照有关部门规定及合同中有关条文规定持凭据进行结算的原始凭证。
- 本地区现行的预算定额，材料价格的相关资料、费用定额及有关文件规定。
- 其他有关技术资料。

第二步，明确园林工程竣工结算方式。

根据工程承包方式的不同，工程结算方式根据具体的工程项目确定。主要有招标或议标后的合同价加签证结算、以施工图预算为基础按实结算、预算包干结算和平方米造价包干的结算等四种结算方式。在实际操作过程中，应根据实际确定采取相应的结算方式。

第三步，根据不同的结算方式，编制园林工程竣工结算。

园林工程竣工结算的编制，因工程承包方式的不同而有所差异，其结算方法均应根据各省市建设工程造价（定额）管理部门、当地园林管理部门和施工合同管理部门的有关规定办理工程结算。

相关知识：常用结算方法

1. 在中标价格基础上进行调整

采用招标方式承包工程结算原则上应以中标价（议标价）为基础进行，如遇工程有较大设计变更、材料价格的调整、合同条款规定允许调整的，或当合同条文规定不允许调整但非施工企业原因发生中标价格以外的费用时，承发包双方应签订补充合同或协议，在编制竣工结算时，应按本地区主管部门的规定，在中标价格基础上进行调整。

2. 在施工图预算基础上进行调整

以原施工图预算为基础，对施工中发生的设计变更、原预算书与实际不相符、经济政策的变化等，编制结算，根据增减的内容对施工图预算进行调整，具体的调整内容主要包括工程量的增减，各种人、材、机价格的变化和各项费用的调整等。

3. 在工程结算时不再调整

采用施工图预算加包干系数和平方米造价包干方式的工程结算，一般在承包合同中已分清了承发包单位之间的义务和经济责任，不再办理施工过程中所承包范围内的经济洽商，在工程结算时不再办理增减调整。工程竣工后，仍以原预算加系数或平方米造价包干进行结算。对于上述的承包方式，必须对工程施工期内各种价格变化进行预测。获得一个综合系数，即风险系数。这种做法对承包或发包方均具有很大的风险性，一般只适用于建设面积小、施工项目单一、工期短的园林工程；对工期较长、施工项目复杂、材料品种多的园林工程不宜采用这种方式承包。

第四步，园林工程竣工结算的审查。

竣工结算编制后要有严格的审查，一般从以下几个方面入手：

（1）核对合同条款

首先，应核对竣工工程内容是否符合合同条件要求，工程是否竣工验收合格，只有按合同要求完成全部工程验收合格才能竣工结算；其次，应按合同规定的结算方法、计价定额、取费标准、主材价格和优惠条款等，对工程竣工结算进行审核，若发现合同开口或有漏洞，应请建设单位与施工单位认真研究，明确结算要求。

（2）检查隐蔽验收记录

所有隐蔽工程均需进行验收，两人以上签证；实行工程监理的项目应经监理工程师签证确认。审核竣工结算时，应核对隐蔽工程施工记录和验收签证，手续完整，工程量与竣工图一致方可列入结算。

（3）落实设计变更签证

设计修改变更应有原设计单位出具设计变更通知单和修改的设计图纸、校审人员签字并加盖公章，经建设单位和监理工程师审查同意、签证；重大设计变更应经原审批部门审批，否则不应列入结算。

（4）按图核实工程数量

竣工结算的工程量应依据竣工图、设计变更单和现场签证等进行核算，并按国家统一规定的计算规则计算工程量。

（5）执行定额单价

结算单价应按合同约定或招标规定的计价定额与计价原则执行。

（6）防止各种计算误差

工程竣工结算子目多、篇幅大，往往有计算误差，应认真核算，防止因计算误差多计或少算。

2. 园林工程量清单报价项目的工程结算步骤

第一步，分部分项工程量清单项目工程数量的确定。

1）如合同约定工程量按实计算的，原分部分项工程量清单有的项目则根据竣工图和现场实际情况按合同规定的工程量计算规则计算，原分部分项工程量清单没有的项目（新增项目）工程量清单指引规定的工程量计算规则计算，经发包人或其委托的咨询单位工程师审定后，作为工程结算的依据。

2）如合同约定工程量原清单工程量根据招标时的施工图包干，只调整变更引起的工程量，则只计算变更联系单的增减工程量，计算方法同上一条，经发包人或其委托的咨询单位工程师审定后，作为工程结算的依据。

第二步，分部分项工程量清单项目综合单价的确定。

1）若施工中出现施工图纸（含设计变更）与工程量清单项目特征描述不符的，发、承包双方应按新的项目特征确定相应工程量清单项目的综合单价。

2）因分部分项工程量清单漏项或非承包人原因的工程变更，造成增加新的工程量清单项目，其对应的综合单价按下列方法确定。

- 合同中已有适用的综合单价，按合同已有的综合单价确定。
- 合同中有类似的综合单价，可以参照类似的综合单价确定。
- 合同中没有适用或类似的综合单价，由承包人提出综合单价，经发包人或其委托的咨询单位工程师审定后执行。

3）因非承包人原因引起的工程量增减，该项工程量变化在合同约定的幅度范围之内的，应执行原有的综合单价；该项工程量变化在合同约定的幅度范围之外的，其综合单价及措施项目费应予以调整。

4）若施工期内市场价格波动超出一定幅度时，应按合同约定调整工程价款；合同没有约定或者约定不明确的，应按省级或行业建设主管部门或其授权的工程造价管理机构的规定调整。

第三步，其他项目费的结算。

1）计日工应按发包人实际签证确认的事项计算。

2）暂估价中的材料单价应按发、承包双方确定价格在综合单价中调整；专业工程暂估价应按中标价或发包人、承包人与分包人确定的价格计算。

3）总承包服务费应依据合同约定金额计算，如发生调整，以发、承包双方确认调整的金额计算。

4）索赔费用应依据发包、承包双方确认的索赔事项和金额计算。

第四步，规费和税金按规定计算。

巩固训练

回顾项目 1 中的园林工程预算的操作方法，结合在项目 1 中完成的园路工程预算任务，老师提供在实际工作中的几个变更内容，要求学习者根据实际要求编制工程变更联系单，然后根据变更联系单编制该园路工程竣工结算，并将结算与预算进行比较分析。

知识拓展

■ 园林工程竣工结算方式

1. 招标或议标后的合同价加签证结算方式

（1）合同价

经过建设单位、园林施工企业、招投标主管部门对标底和投标报价进行综合评定后确定的中标价，以合同的形式固定下来。

（2）变更增减账等

对合同中未包括的条款或出现的一些不可预见费等，在施工过程中由于工程变更所增减的费用，经建设单位或监理工程师签证后，与原中标合同价一起结算。

2. 以施工图预算为基础按实结算方式

以原施工图预算为基础，结合承包人的优惠，对施工中发生的设计变更、原预算书与实际不相符、经济政策的变化等，编制结算，具体调整的内容主要包括工程量的增减，各种人、材、机价格的变化和各项费用的调整等。

3. 预算包干结算方式

预算包干结算，也称施工图预算加系数包干结算。

结算工程造价＝经施工单位审定后的施工图预算造价×（1＋包干系数）。

在签订合同条款时，预算外包干系数要明确包干内容及范围。包干费通常不包括下列费用：

1）在原施工图外增加的建设面积。

2）工程结构设计变更、标准提高，非施工原因的工艺流程的改变等。

3）隐蔽性工程的基础加固处理。

4）非人为因素所造成的损失。

4. 平方米造价包干的结算方式

它是双方根据一定的工程资料，事先协商好每平方米造价指标后，乘以建设面积。计算公式为：结算工程造价＝建设面积×每平方米造价。此种方式适用于广场铺装、草坪铺设等。

■ 工程竣工结算书的审核

1. 审价人员的职业道德规范要求

工程竣工结算书的审核是一项政策性很强的工作，其审价结果是否正确直接影响到国家、业主或施工企业的利益，必须认真对待。审价人员除必须具备预算员应具备的业务素质和岗位能力外，其职业道德应该有更高的要求。

随着我国改革开放政策和经济建设的

蓬勃发展，投资渠道的多元化和建筑技术的发展，基本建设的任务越来越繁重，新工艺、新材料的不断出现，给审价人员增加了难度，需不断学习和知识更新，经营方式的多元化、多渠道也带来一些不良风气，这对每个审价人员的职业道德提出了更高的要求。

1) 坚持工程取价标准。工程取价标准包括各种现行的定额标准、人工、材料、机械取价规定和各种工程类别相应的费用标准等。

2) 坚持职业道德要求。

3) 坚持文明建设要求。既讲原则，又讲道理，坚持实事求是的精神。要以理服人，不能以权压人。

4) 坚持学习，拓宽知识面，提高业务能力。

5) 坚持深入现场，调查研究的工作作风。

2. 审价的内容

审价的内容，可以分成以下三个阶段：工作量审核阶段；价格审核阶段；费用审核阶段。

3. 审价的一般操作步骤

(1) 搜集资料

这方面主要是施工竣工图纸、地质勘测报告书、图纸会审记录、现场鉴证资料、现行定额、材料动态价格资料等。

(2) 熟悉图纸和相应定额

只有了解工程内容、结构特征、技术要求，才能在审查时，做到项目全、计量准、速度快。在没有弄清图纸之前，就急急忙忙下手计算，常常会浪费时间。

审价人员要具备相应专业的基本知识，才能在审价中辨别乙方在结算中"就高不就低"的倾向，特别是定额中没有的项目，需要换算和补充的子目，往往是最容易模糊的

地方，稍不留意，就会出现差错，以上这种情况，在具体审价中类似问题经常出现，所以审价人员只有熟悉定额才能熟练地运用定额，从各个方面堵塞施工方有意无意地虚报冒领，扩大工程量，提高工程造价的漏洞。实事求是地确定工程实际造价。

(3) 注意施工组织设计中或实际发生的影响费用的因素

在实际施工中，如确实发生的费用，应按规定另行计算，审价中不能生搬硬套，造成错误。要尊重事实，要实事求是。

(4) 调查现场实际情况

在施（竣）工图纸和施工组织设计仍不能完全表示清楚的情况下，必须深入现场进行实地踏勘、丈量以补充上述不足。对工序较为复杂或价格悬殊较大的工程项目，更应该掌握现场第一手资料，切不可马虎大意。

(5) 工程量计算

经过以上四个步骤后，进行工程量计算，这是一个十分烦琐、细致的工作。工程量的计算正确与否，不仅直接影响到工程造价，而且影响到与之关联的一系列数据。所以要求思路清晰规范，尽量减少错误。

(6) 价格套用

在套用价格时，尽量找到合适的定额子目，在不能套用定额子目时，要求尽可能根据实际进行换算或补充。

(7) 费用（率）的计算

费用计取正确与否，直接关系到整个被审工程总价的正确性，所以要求结合施工合同，结合取费定额，准确定费。

总之，一项建设工程从可行性研究、设计、施工到竣工结算是一门多学科综合性管理工作，而竣工结算和审核是这一综合学科管理工作成果最终的具体体现，整个建设工程管理的好坏在最终结算、审核工作中，能充分体现出其水平。因此，作为审价部门也好，具体操作人员也好，要充分认识到自己

所肩负的责任和工作重要性，以公正、求是、透明、合理、严格的态度，重视和搞好工程造价的审核工作。

■ 合同价

经过竞争，如果投标人能够中标并与发包人签署承包合同，投标报价时的预测成本就形成了合同约定的项目成本，报价总额就成为合同总价。因此，项目合同价的高低对项目成本有着很大的影响。

1. 固定合同价

合同中确定的工程合同价在实施期间不因价格变化而调整。固定合同价可分为固定合同总价和固定合同单价两种。

（1）固定合同总价

它是指承包整个工程的合同价款总额已经确定，在工程实施中不再因物价上涨而变化，因此，固定合同总价应考虑价格风险因素，必须在合同中明确规定合同总价包括的范围。这类合同价可以使发包人对工程总开支做到大体心中有数，在施工过程中可以更有效地控制资金的使用。但对承包人来说，要承担较大的风险，如物价波动、气候条件恶劣、地质地基条件及其他意外困难等，因此合同价一般会高些。

（2）固定合同单价

它是指合同中确定的各项单价在工程实施期间不因价格变化而调整，而在每月（或每阶段）工程结算时，根据实际完成的工程量结算，在工程全部完成时以竣工图的工程量最终结算工程总价款。

2. 可调合同价

合同中确定的工程合同价在实施期间可随价格变化而调整。可调合同价可分为可调合同总价和可调合同单价两种。

（1）可调合同总价

合同中确定的工程合同总价在实施期间可随价格变化而调整。发包人和承包人在商订合同时，以招标文件的要求及当时的物价计算出合同总价。如果在执行合同期间，由于通货膨胀引起成本增加达到某一限度时，合同总价则作相应调整。可调合同总价使发包人承担了通货膨胀的风险，承包人则承担其他风险。一般适合于工期较长（如1年以上）的项目。

（2）可调合同单价

合同单价可调，一般要在工程招标文件中规定。在合同中签订的单价，根据合同约定的条款，如在工程实施过程中物价发生变化等，可作调整。有的工程在招标或签约时，因某些不确定性因素而在合同中暂定某些分部分项工程的单价，在工程结算时，再根据实际情况和合同约定对合同单价进行调整，确定实际结算单价。

3. 成本加酬金确定的合同价

合同中确定的工程合同价，其工程成本部分按现行计价依据计算，酬金部分则按工程成本乘以通过竞争确定的费率计算，将两者相加，确定出合同价，一般分为以下几种形式。

（1）成本加固定百分比酬金确定的合同价

这种合同价是发包人对承包人支付的人工、材料和施工机械使用费、措施费、施工管理费等按实际直接成本全部据实补偿，同时按照实际直接成本的固定百分比付给承包人一笔酬金，作为承包方的利润。

这种合同价使得建筑安装工程总造价及付给承包人的酬金随工程成本而水涨船高，不利于鼓励承包方降低成本，整体合同价很少被采用。

（2）成本加固定金额酬金确定的合同价

这种合同价与上述成本加固定百分比酬金合同价相似，其不同之处仅在于发包人付给承包人的酬金是一笔固定金额的酬金。

采用上述两种合同价方式时，为了避

免承包人企图获得更多的酬金面对工程成本不加控制，往往在承包合同中规定一些"补充条款"，以鼓励承包方节约资金，降低成本。

（3）成本加奖罚确定的合同价

采用这种合同价，首先要确定一个目标成本，这个目标成本是根据粗略估算的工程量和单价表编制出来的。在此基础上，根据目标成本来确定酬金的数额，可以是百分数

的形式，也可以是一笔固定酬金。然后，根据工程实际成本支出情况另外确定一笔奖金，当实际成本低于目标成本时，承包人除从发包人那里获得实际成本、酬金补偿外，还可根据成本降低额得到一笔奖金。当实际成本高于目标成本时，承包人仅能从发包人那里得到成本和酬金的补偿。此外，视实际成本高出目标成本情况，若超过合同价的限额，还要处以一笔罚金。

自我评价

评价项目	技术要求	分值	评分细则	评分记录
园林工程竣工结算编制依据资料的准备	根据工程承包方式不同，能收集整理工程竣工结算编制的依据资料 能在编制结算前说明各类资料的作用 竣工结算编制依据资料准备完整规范	30	收集整理工程竣工结算编制的依据资料不全者扣5～10分 各类依据资料运用不合理者扣5～10分 收集的竣工结算依据资料不符合要求者扣5～10分	
根据具体的工程项目确定工程结算方式	能结合工程实际理解各种工程竣工结算的方式 会根据具体的工程项目确定工程结算方式	20	工程竣工结算的方式与工程承包方式不统一者扣5～10分 园林工程竣工结算方式操作过程错误者扣5～10分	
编制园林工程竣工结算的能力	明确编制园林工程竣工结算的步骤 会根据工程要求编制园林工程竣工结算	30	编制园林工程竣工结算的步骤不熟练者扣5～10分 编制园林工程竣工结算，方法不合理者扣5～10分 不能完整编制园林工程竣工结算者扣5～10分	
园林工程竣工结算的审查	会根据依据资料审查竣工结算内容 能判断编制竣工结算依据资料的规范性与真实性	20	竣工结算依据资料内容不清楚者扣5～10分 在审查过程中未能发现本身存在不符合要求者，每处扣5～10分	

任务 *4.3*　编制园林工程竣工决算

【学习目标】

　　竣工决算是建设工程经济效益的全面反映，是项目法人核定各类新增资产价值、办理其交付使用的依据。因此，一个园林工程项目竣工验收后，必须加强工程竣工决算，该学习任务主要让学习者通过竣工决算的具体操作，了解园林工程竣工决算内容，会收集竣工决算的编制依据资料，并能按照决算要求编制园林工程竣工决算。

【任务分析】

　　工程决算是指一个建设工程通过施工活动与原设计图纸发生了一些变化，这些变化涉及工程造价，与原施工图预算比较有增加有减少的地方，将这些变化在工程竣工以后按编制施工图预算的方法与规定，逐项进行调整计算得出的结果，就是竣工决算。通过竣工决算，一方面能够正确反映建设工程的实际造价和投资结果；另一方面可以通过竣工决算与概算、预算的对比分析，考核投资控制的工作成效，总结经验教训，积累技术经济方面的基础资料，提高未来建设工程的投资效益。本任务的主要内容是让学习者明确园林工程竣工决算内容，收集竣工决算的编制依据资料，编制好园林工程竣工决算。

编制园林工程
竣工决算
（微课）

【思政融入提示】

　　在编制工程竣工决算过程中，通过决算内容的讲解，强调成本管理意识。通过依据资料的讲解，强调决算过程中的资料收集习惯和相关资料真实性的要求，培养学生的求实精神和务实态度。

工作步骤

　　园林工程竣工决算的步骤如下：

　　第一步，明确园林工程竣工决算内容。

　　园林工程竣工决算是在建设项目或单项工程完工后，由建设单位财务及有关部门，以竣工结算、前期工程费用等资料为基础进行编制。竣工决算全面反映了建设项目或单项工程从筹建到竣工使用全过程中各项资金的使用情况和设计概（预）算执行的结果，它是考核建设成本的重要依据，竣工决算主要包括以下内容（表 4-2）。

表 4-2　园林工程竣工决算内容表

表现形式	内容
文字说明	1. 工程概况 2. 设计概算和建设项目计划的执行情况 3. 各项技术经济指标完成情况及各项资金使用情况 4. 建设工期，建设成本，投资效果等
竣工工程概况表	设计概算的主要指标与实际完成的各项主要指标进行对比，可用表格的形式表现
竣工财务决算表	用表格形式反映出资金来源与资金运用情况
交付使用 财产明细表	交付使用的园林项目中固定资产的详细内容，不同类型的固定资产，应相应设计不同形式的表格表示。 　　例如：园林建筑等可用交付使用财产、结构、工程量（包括设计、实际）概算（实际的建设投资、其他基建投资）等项来表示。 　　设备安装可用交付使用财产名称、规格型号、数量、概算、实际设备投资、建设基建投资等项来表示

第二步，收集竣工决算的编制依据资料。

编制竣工决算前，首先应该收集相关编制依据资料，主要内容包括如下：

- 经批准的可行性研究报告与投资估算。
- 经批准的初步设计或扩大初步设计及其概算或修正概算。
- 经批准的施工图设计及其施工图预算。
- 设计交底或图纸会审纪要。
- 招投标标底、承包合同、工程结算资料。
- 施工记录或施工签证单，以及其他施工中发生的费用记录，如索赔报告与记录、停（交）工报告等。
- 竣工图及各种竣工验收资料。
- 历年基建资料、历年财务决算及批复文件。
- 设备、材料调价文件和调价记录。
- 有关财务核算制度、办法和其他有关资料、文件等。

第三步，编制园林工程竣工决算。

按照财政部印发《基本建设财务管理规定》财建〔2002〕394 号的通知要求，竣工决算的编制步骤如下：

> 　　1）收集、整理、分析原始资料。从建设工程开始就按编制依据的要求，收集、清点、整理有关资料，主要包括建设工程档案资料，如设计文件、施工记录、上级批文、概（预）算文件、工程结算的归集整理，财务处理、财产物资的盘点核实及债权债务的清偿，做到账账、账证、账实、账表相符。对各种设备、材料、工具、器具等要逐项盘点核实并填列清单，妥善保管，或按照国家有关规定处理，不准任意侵占和挪用。

2）对照、核实工程变动情况，重新核实各单位工程、单项工程造价。将竣工资料与原设计图纸进行查对、核实，必要时可实地测量，确认实际变更情况；根据经审定的施工单位竣工结算等原始资料，按照有关规定对原概(预)算进行增减调整，重新核定工程造价。

3）将审定后的待摊投资、设备工器具投资、建筑安装工程投资、工程建设其他投资严格划分和核定后，分别计入相应的建设成本栏目内。

4）编制竣工财务决算说明书，力求内容全面、简明扼要、文字流畅、说明问题。

5）填报竣工财务决算报表。

6）做好工程造价对比分析。

7）清理、装订好竣工图。

8）按国家规定上报、审批、存档。

知识拓展

■ 竣工决算的分类

竣工决算分为施工企业内部单位工程竣工成本核算和基本建设项目竣工决算。园林施工企业的竣工决算，是企业内部对竣工的单位工程进行实际成本分析，反映其经济效果的一项决算工作。它是以单位工程的竣工结算为依据。核算其预算成本、实际成本和成本降低额，并编制单位工程竣工成本决算表，以总结经验，提高企业经营管理水平。后者是建设单位根据国家建委《关于基本建设项目验收暂行规定》的要求，所有新建、改建和扩建工程建设项目竣工以后都应编报竣工结算。它是反映整个建设项目从筹建到竣工验收投产的全部实际支出费用文件。

■ 竣工决算与竣工结算的区别

竣工结算是承包方将所承包的工程按照合同规定全部完工交付之后，向发包单位进行的最终价款结算。竣工结算由承包方的预算部门负责编制。竣工决算与竣工结算的区别如表 4-3 所示。

表 4-3　工程竣工决算与竣工结算的区别

区别项目	工程竣工决算	工程竣工结算
编制单位及部门	项目业主的财务部门	承包方的预算部门
内容	建设工程从筹建开始到竣工交付使用为止的全部建设费用，它反映建设工程的投资效益	承包方承包施工的园林工程全部费用。它最终反映承包方完成的施工产值
性质与作用	1. 业主办理交付、验收、动用新增各类资产的依据 2. 竣工验收报告的重要组成部分	1. 承包方与业主办理工程价款最终结算的依据 2. 双方签订的园林工程承包合同终结的凭证 3. 业主编制竣工决算的主要资料

■ "三算" 的关系

设计概算、施工图预算和竣工决算简称为 "三算"，其关系如下：

1) 设计概算是初步设计（或扩初设计）阶段，根据勘测设计的技术文件，结合概算定额、概算指标、工资标准、设备价格、材料价格以及各项费用标准等基础资料，由设计单位进行编制的，是确定建设项目和单项工程建设费用的文件。

2) 施工图预算是根据施工图设计阶段的图纸和说明、预算定额、价格与费用标准来编制的。它是确定单位工程预算造价的文件，由设计单位编制，必要时邀请有关单位参加。

设计概算和施工图预算总称为基本建设预算，是在建设之前，计算出建设项目或每项工程的概预算价值，作为确定建设投资，控制基建拨款和控制单位工程造价的依据。

3) 竣工决算分为施工单位的竣工决算和建设单位的竣工决算。

- 施工单位的竣工决算，是施工单位内部对竣工的单位工程进行实际成本分析，反映其经济效果的一项决算工作，其作用是用单位工程的竣工结算为依据，核算其预算成本，实际成本和成本降低额。编制单位工程竣工成本决算表，以总结经验教训，提高企业经营管理水平。

- 建设单位竣工决算，是根据原国家建委提出的 "所有新建扩建或改建工程建设项目或单位工程竣工后，都必须编制竣工决算" 的要求，由建设单位组织有关部门进行编制的。它是反映竣工项目的建设成果和财务支出的总结文件，用以正确核定固定资产的价值，办理交付使用考核建设成本，分析投资效果，进行 "三算" 对比，并为往后的建设项目积累经验和资料。

综上所述，"三算" 就是设计、施工和竣工验收三个阶段建设工程的建设费用，也是从设计、施工到竣工验收程序中正常的有秩序的经济工作关系，反映基本建设程序的客观经济规律，三者紧密联系，环环相扣，缺一不可。按照国家要求，所有建设项目，设计必须有概算，施工必须有预算，竣工必须有决算，它们之间的关系是：概算价值不得超过计划任务书的投资额，修正概算和施工图预算，不得超过概算价值，竣工决算不得超过施工图预算价值，这种关系起着正确决定和控制基本建设的作用，也起着提高基本建设效益的作用，同时也是加强基本建设管理与经济核算的基础。

自我评价

评价项目	技术要求	分值	评分细则	评分记录
明确园林工程竣工决算内容	根据工程承包方式不同，能收集整理工程竣工结算编制的依据资料 能在编制结算前说明各类资料的作用 竣工结算编制依据资料准备完整规范	30	收集整理工程竣工结算编制的依据资料不全者扣5～10分 各类依据资料运用不合理者扣5～10分 收集的竣工结算依据资料不符合要求者扣5～10分	
竣工决算编制依据资料的收集	能结合工程实际理解各种工程竣工结算的方式 会根据具体的工程项目确定工程结算方式	20	工程竣工结算的方式与工程承包方式不统一者扣5～10分 园林工程竣工结算方式操作过程错误者扣5～10分	

续表

评价项目	技术要求	分值	评分细则	评分记录
编制园林工程竣工决算的能力	明确编制园林工程竣工结算的步骤 会根据工程要求编制园林工程竣工结算	30	编制园林工程竣工结算的步骤不熟练者扣 5～10 分 编制园林工程竣工结算，方法不合理者扣 5～10 分 不能完整编制园林工程竣工结算者扣 5～10 分	
竣工决算与竣工结算的区别、理解"三算"的区别	会根据依据资料审查竣工结算内容 能判断编制竣工结算依据资料的规范性与真实性	20	竣工结算依据资料内容不清楚者扣 5～10 分 在审查过程中未能发现本身存在不符合要求者，每处扣 5～10 分	

主要参考文献

史静宇，2008. 最新园林景观工程预算及工程量清单编制操作手册［M］. 北京：中国建材工业出版社 .

吴立威，2005. 园林工程招投标与预决算［M］. 北京：高等教育出版社 .

吴立威，2008. 园林工程施工组织与管理［M］. 北京：机械工业出版社 .

吴立威，2016. 园林工程招投标与预决算［M］. 2 版 . 北京：科学出版社 .

姚和金，叶飞，2007. 园林工程标书编制环节和注意点［J］. 北京园林，23（4）：12-13.

浙江省建设工程造价管理总站，2018. 浙江省建设工程计价规则（2018 版）［M］. 北京：中国计划出版社 .

浙江省建设工程造价管理总站，2018. 浙江省园林绿化及仿古建筑工程预算定额（2018 版）［M］. 北京：中国计划出版社 .

中国建设工程造价管理协会，2018. 建设工程造价管理理论与实务［M］. 北京：中国计划出版社 .

中国建设监理协会，2003. 建设工程投资控制［M］. 北京：知识产权出版社 .

附录

工程量清单名词术语

工程量清单：表现拟建工程的分部分项工程项目、措施项目、其他项目名称和相应数量的明细清单。

工程量清单计价：建设工程招标投标工作中，招标人按照国家统一的工程量计算规则提供工程数量，由投标人依据工程量清单自主报价，并按照经评审低价中标的工程造价方式计价。

综合单价：完成规定计量单位项目所需的人工费、材料费、机械使用费、管理费和利润，并考虑风险因素。

相应资质的中介机构：具有工程造价咨询机构资质，并按规定的业务范围承担工程造价咨询业务的中介机构。

措施项目：为完成工程项目施工，发生于该工程施工前和施工过程中技术、生活、安全等方面的非工程实体项目。

预留金：招标人为可能发生的工程量变更而预留的金额。

零星工作项目费：完成招标人提出的，工程量暂估的零星工作所需的费用。

消耗量定额：由建设行政主管部门根据合理的施工组织设计，按照正常施工条件制定的，生产一个规定计量单位工程合格产品所需的人工、材料、机械台班的社会平均消耗量。

企业定额：施工企业根据本企业的施工技术和管理水平，以及有关工程造价资料制定的，并供本企业使用的人工、材料和机械台班消耗量。

项目编码：采用十二位阿拉伯数字表示。1～9位为统一编码，其中1、2位为附录顺序号，3、4位为专业工程顺序码，5、6位为分部工程顺序码，7、8、9位为分项工程项目名称顺序码，10～12位为清单项目名称顺序码。

直接费：由直接工程费和措施费组成。其中，直接工程费包括人工费、材料费（消耗的材料费总和）和施工机械使用费。

间接费：包括规费和施工管理费。

直接成本：施工过程中耗用的构成工程实体和有助于工程形成的各种费用。它由人工费、材料费、施工机械使用费组成。

人工费：直接从事建设工程施工的生产工人的开支和各项费用。

材料费：施工过程中耗用的构成工程实体的原材料、辅助材料、构配件、零件、半成品的费用和周转使用材料的摊销（或租赁）费用。

施工机械使用费：使用施工机械作业所发生的机械使用费以及机械安装、拆除和进出场费用。

间接成本：施工企业为施工准备、组织施工生产和经营管理而发生在现场和企业的各项费用。它由管理费、规费和其他费用组成。

管理费：施工企业为组织施工生产而发生在现场和企业的各项管理费用。

规费：按照国家或省、自治区、直辖市人民政府规定，允许计入工程造价的各项税费之和。

其他费用：根据施工现场和工程实际需要，为保证正常施工及工程质量而发生的各项费用。

利润：施工企业在生产经营收入中所获得的不属于直接成本、间接成本的部分。

税金：国家规定应计入工程造价内的营业税、城乡维护建设税及教育费附加。

分部分项工程费：完成工程量清单列出的各分部分项清单工程量所需的费用，包括人工费、材料费（消耗的材料费总和）、机械使用费、管理费、利润以及风险费。

措施项目费：由"措施项目一览表"确定的工程措施项目金额的总和，包括人工费、材料费、机械使用费、管理费、利润以及风险费。

其他项目费：预留金、材料购置费（仅指由招标人购置的材料费）、总承包服务费、零星工作项目费的估算金额等的总和。

总承包服务费：为配合协调招标人进行的工程分包和材料采购所需的费用。

清单消耗量：即清单项目组合的工程内容。

招标投标：采购人事先提出货物、工程或服务采购的条件和要求，邀请投标人参加投标，并按照规定程序从中选择交易对象的一种市场交易行为。从采购交易过程来看，它必然包括招标和投标两个最基本且相互对应的环节。

建设工程合同：在原《经济合同法》中称为"建设工程承包合同"，是指"承包人进行工程建设，发包人支付工程价款的合同，包括工程勘察、设计、施工合同"（《合同法》第二百六十九条）。承包人是指在建设工程合同中负责工程勘察、设计、施工任务的一方当事人；发包人是指在建设工程合同中委托承包人进行工程勘察、设计、施工任务的建设单位。在建设工程合同中，承包人的主要义务是按照合同约定进行工程建设，即进行工程的勘察、设计、施工等工作；发包人的最基本义务是向承包人支付相应的价款。

索赔：当事人在合同实施过程中，根据法律、合同规定及惯例，对并非由于自己的过错而应由合同对方承担责任的情况造成，且实际发生了错误的事件，可向对方提出给予经济补偿和（或）时间补偿的要求。

工程施工合同：承包人按照发包人的要求，依据勘察、设计的有关资料、要求，进行建设、安装的合同。工程施工合同可分为施工合同和安装合同两种。施工合同一般是指进行土木建设的合同，但也不排除部分安装的内容，两种类型的合同经常交织在一起。

估价：估价师在施工总进度计划、主要施工方法、分包商和资源安排确定之后，根据本公司的工料消耗标准和水平以及询价结果，对本公司完成招标工程所需要支出的费用的估价。原则是根据本公司的实际情况合理补偿成本，不考虑其他因素，所涉及投标决策问题和利润的高低，是工程完成的费用底线。

定额：在社会生产中，为了生产某一合格产品或完成某一工作成果，都要消耗一定数量的人力、物力和财力。从个别的生产工作过程来考察，这种消耗数量，受各种生产工作条件的影响，是各自不同的。从总体的生产工作过程来考察，规定出社会平均必需的消耗数量标准，这种标准就称为定额。

园林工程定额：在园林工程施工生产过程中，为完成某项工程或某项结构构件，都必须消耗一定数量的劳动力、材料和机具。在社会平均生产条件下，把科学的方法和实践经验结合起来，制定为生产质量合格的单位工程产品所必需的人工、材料、机械数量标准，就称为园林工程定额，或简称为工程定额。

工程建设：过去通常称为基本建设，是指固定资产扩大再生产的新建、扩建、改建、恢复工程及与之相连带的其他工作。它是指一定的资金、建筑材料、机械设备等，通过购置、建造与安装等活动，转化为固定资产的过程，以及与之相联系的工作（如征用土地、勘察设计、培训生产职工等）。固定资产是指使用年限在一年以上且单位价值在规定限额以上的劳动资料和消费资料。凡不符合上述使用年限和单位价值限额两项条件的，一般称为低值易耗品。低值易耗品与劳动对象统称为流动资产。

竣工结算：建设项目完成，并经建设单位、监理单位和有关部门验收以后，由施工单位依照有关规定，向建设单位（发包人）递交竣工结算报告及完整的结算资料，经监理单位和建设单位审核、确认，双方按照协议书约定的合同价款及专用条款约定的合同价款调整内容，进行工程竣工结算；建设单位收到竣工结算报告及结算资料后，在规定的时间（28天）内进行核实，给予确认或者提出修改意见；建设单位确认后，通知经办银行向施工单位（承包人）支付工程竣工结算价款。

竣工决算：建设项目的全部工程完成后，并经有关部门验收盘点移交后，按有关规定计算和确定工程建设的实际成本，由监理工程师根据监理委托合同，协助建设单位编制综合反映该工程从筹建到竣工投产全过程中各项资金的实际运用情况和建设成果的总结性文件。

工程价款结算：已完工程经有关单位验收后，施工企业按国家规定向建设单位办理工程款清算的一项日常性工作，其中包括预收工程备料款。中间结算和竣工结算，在实际工作中通常称为工程结算。

索赔的证据：当事人用来支持其索赔成立或和索赔有关的证明文件和资料。索赔证据作为索赔文件的组成部分，在很大程度上关系到索赔的成功与否。证据不全、不足或没有证据，索赔是不可能获得成功的。作为索赔证据既要真实、准确、全面、及时，又要具有法律证明效力。

工程备料款的起扣点：随着工程的进展，预收的备料款应陆续扣还，在工程竣工之前全部扣还完。工程备料款开始扣还时的工程进度状态称为工程备料款的起扣点。